DIESES BUCH
GEHÖRT ZU

_____

INHALTSVERZEICHNIS
YOGA-POSITIONEN FÜR FORTGESCHRITTENE

1	MONTAGE DER SEITENWAND		28	INSTALLATION DES BAUMS
2	WILD THING		29	VERLEGUNG DES ADLERS
3	HALBFROSCH IN POSITION		30	KOPF BIS KNIE
4	ANBRINGEN DES KOMPASSES		31	VERLEGUNG DES LORD OF THE DANCE
5	POSE I VON MARICHI		32	TWIST CHAIR POSE
6	DIE MARICHI-HALTUNG II		33	LEGEN DES YOGA-KANINCHENS
7	VERLEGUNG III VON MARICHI		34	INSTALLATION DER STEIGPLATINE
8	INSTALLATION DER PYRAMIDE		35	LEGEN DES LOTOS
9	HALTUNG DES KRIEGERS I		36	MASSSTABSGETREUE VERLEGUNG
10	POSE DES VERDREHTEN KRIEGERS		37	LEGEN DES RABEN
11	VERLEGUNG IM VERDREHTEN DREIECK		38	INSTALLATION VON VIER MITARBEITERN
12	SEITLICH VERDREHTE ECKMONTAGE GEBUNDEN		39	DEN RABEN SEITLICH ABLEGEN
13	VERLEGUNG DES KAMELS		40	HALBBOOTEINBAU
14	VERLEGUNG VON WARRIOR II		41	EINBAU DES KOMPLETTEN BOOTES
15	KRIEGER-III-STELLUNG		42	PLATZIEREN DES FISCHES
16	UMGEKEHRTE KRIEGER-POSE		43	AUFRECHTERHALTUNG DER HEAD-UP-INSTALLATION
17	POSE DES HELDEN		44	SCHULTERSTÜTZE
18	HELDEN HALB GEFALTET		45	PFLUGEINBAU
19	SCHRÄGE HELDENPOSE		46	INSTALLATION VON KNIE ZU OHR
20	VERLÄNGERTE HAND ZUR GROSSEN ZEHE-POSE		47	HALBMOND-INSTALLATION
21	LEGEN DER TAUBE		48	MONTAGE DES KOMPASSES
22	EINFÄDELN DER NADEL		49	KOPF-ZU-KNIE-DREHUNG LEGEN
23	LEGEN DES REIHERS		50	STEHEND FRAKTIONIERT
24	BOGEN-INSTALLATION		51	VERLEGUNG DES BOGENSCHÜTZEN
25	AUFWÄRTSBOGEN ODER RADMONTAGE		52	YOGA AUF DIE HÄNDE LEGEN
26	POSE DER EIDECHSE		53	INSTALLATION DES ELEFANTENRÜSSELS
27	EINBEINIGE RINGELTAUBE BEIM LEGEN			

YOGA-POSITIONEN FÜR FORTGESCHRITTENE

1. MONTAGE DER SEITENWAND

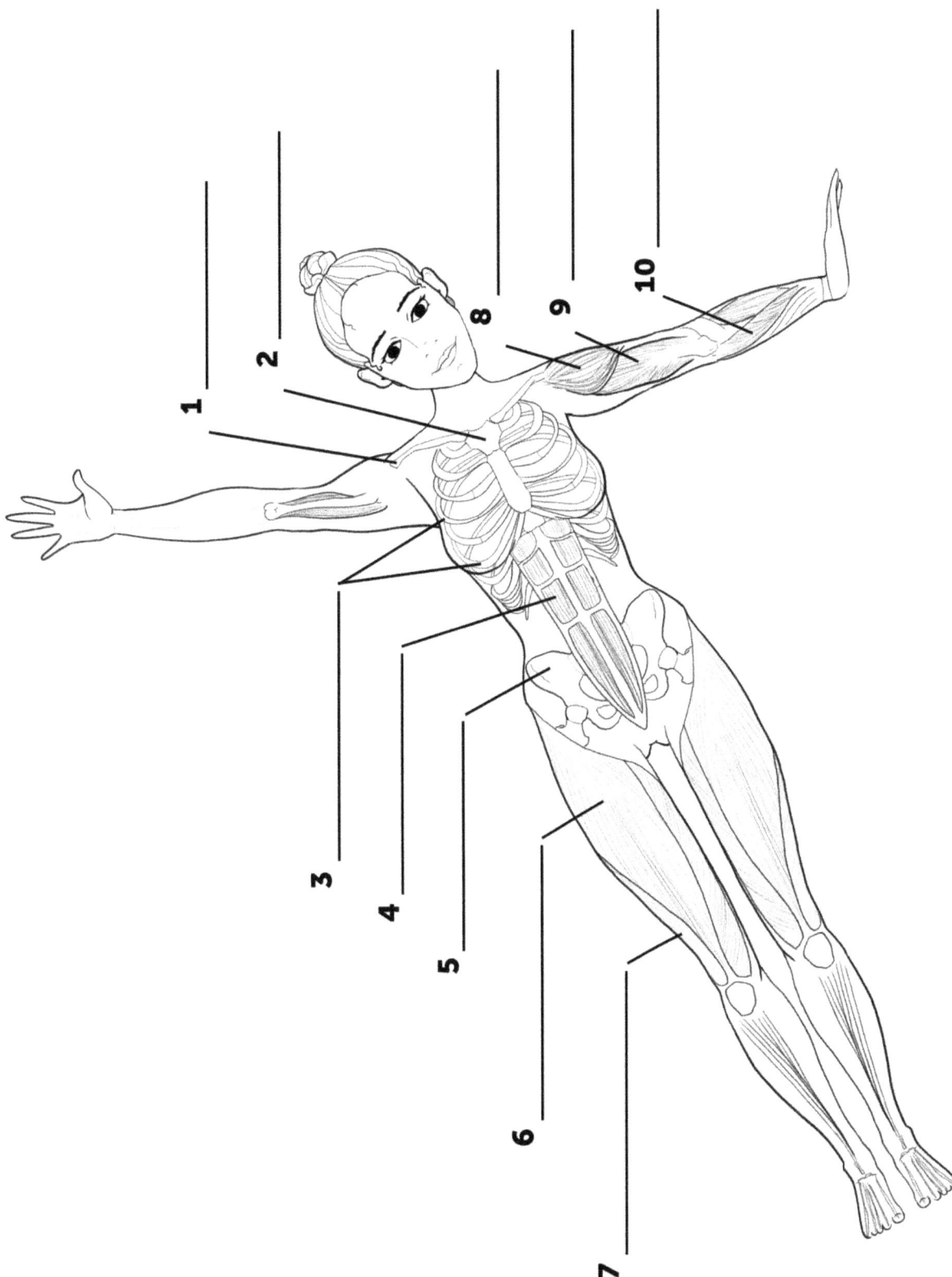

1. MONTAGE DER SEITENWAND

1. SCHLÜSSELBEIN

2. STERNUM

3. KÜSTEN

4. RECTUS ABDOMINIS

5. BASSIN

6. QUADRIZEPS

7. VASTUS LATERALIS

8. DELTOID

9. BIZEPS BRACHII

10. PRONATOREN

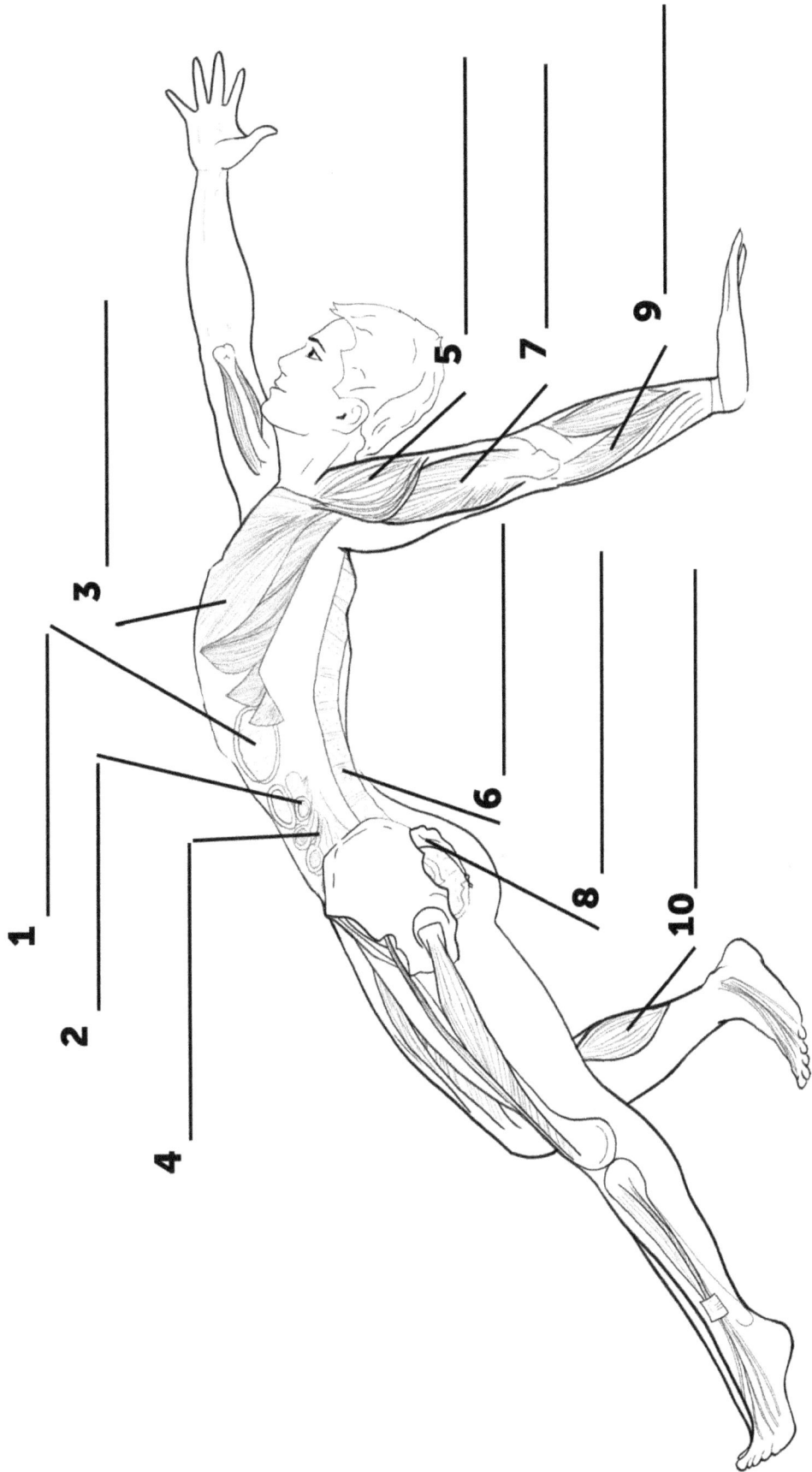

2. WILDE SACHE

1

2

3

4

5

6

7

8

9

10

2. WILDE SACHE

1. MAGEN
2. DÜNNDARMSPULEN
3. PECTORALIS MAJOR
4. DÜNNDARM-MESENTERIUM
5. DELTOID
6. BACKBONE
7. BIZEPS BRACHII
8. KREUZBEIN
9. PRONATOREN
10. GASTROCNEMIUS

3. EINEN HALBEN FROSCH POSIEREN

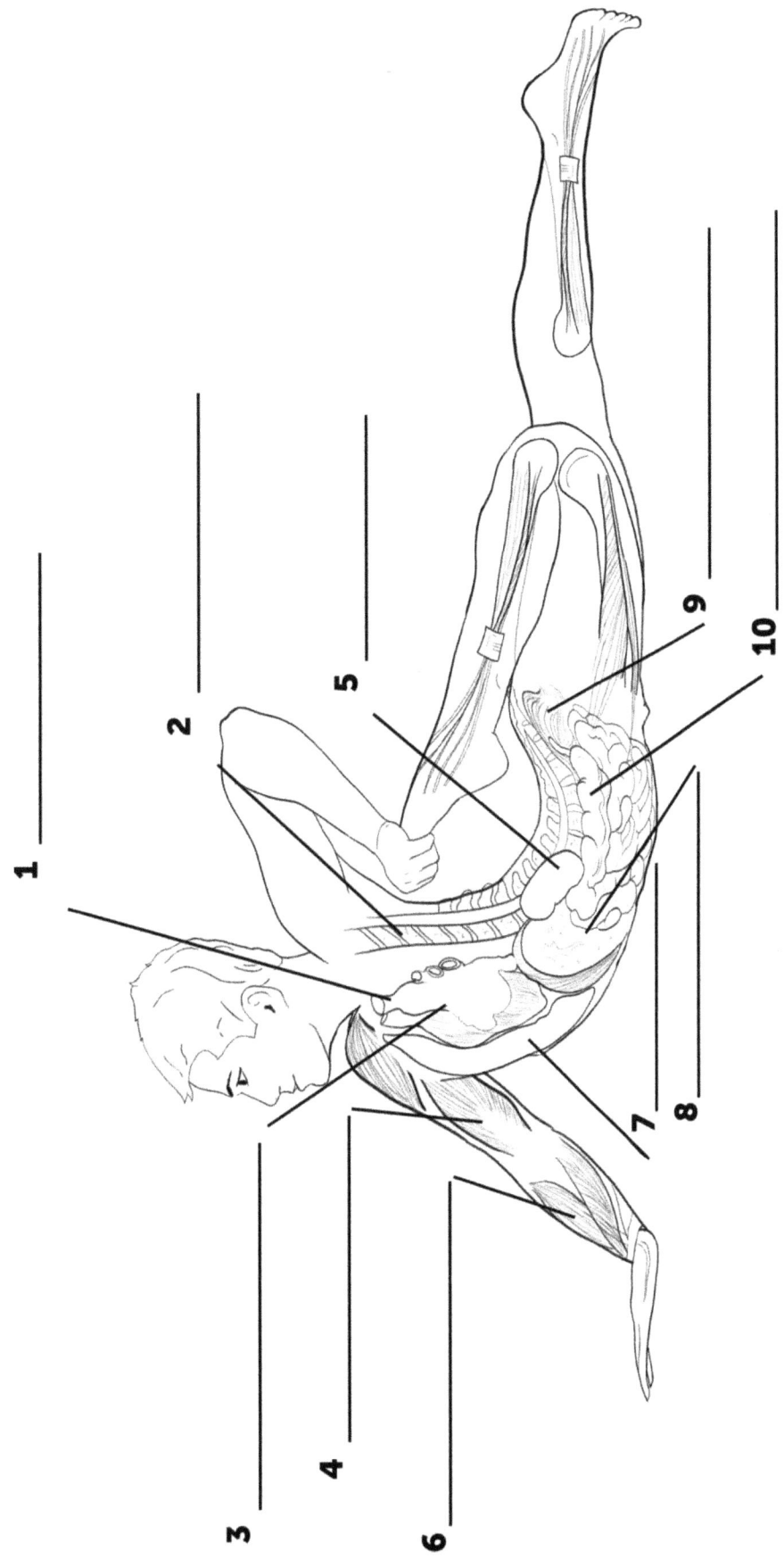

1

2

3

4

5

6

7

8

9

10

3.EINEN HALBEN FROSCH POSIEREN

1. AORTA

2. WIRBELSÄULE

3. HERZ

4. BIZEPS BRACHII

5. NIERE

6. PRONATOREN

7. LUNGE

8. LEBER

9. REKTUM

10. AUFSTEIGENDER DICKDARM

4. ABLEGEN DES KOMPASSES

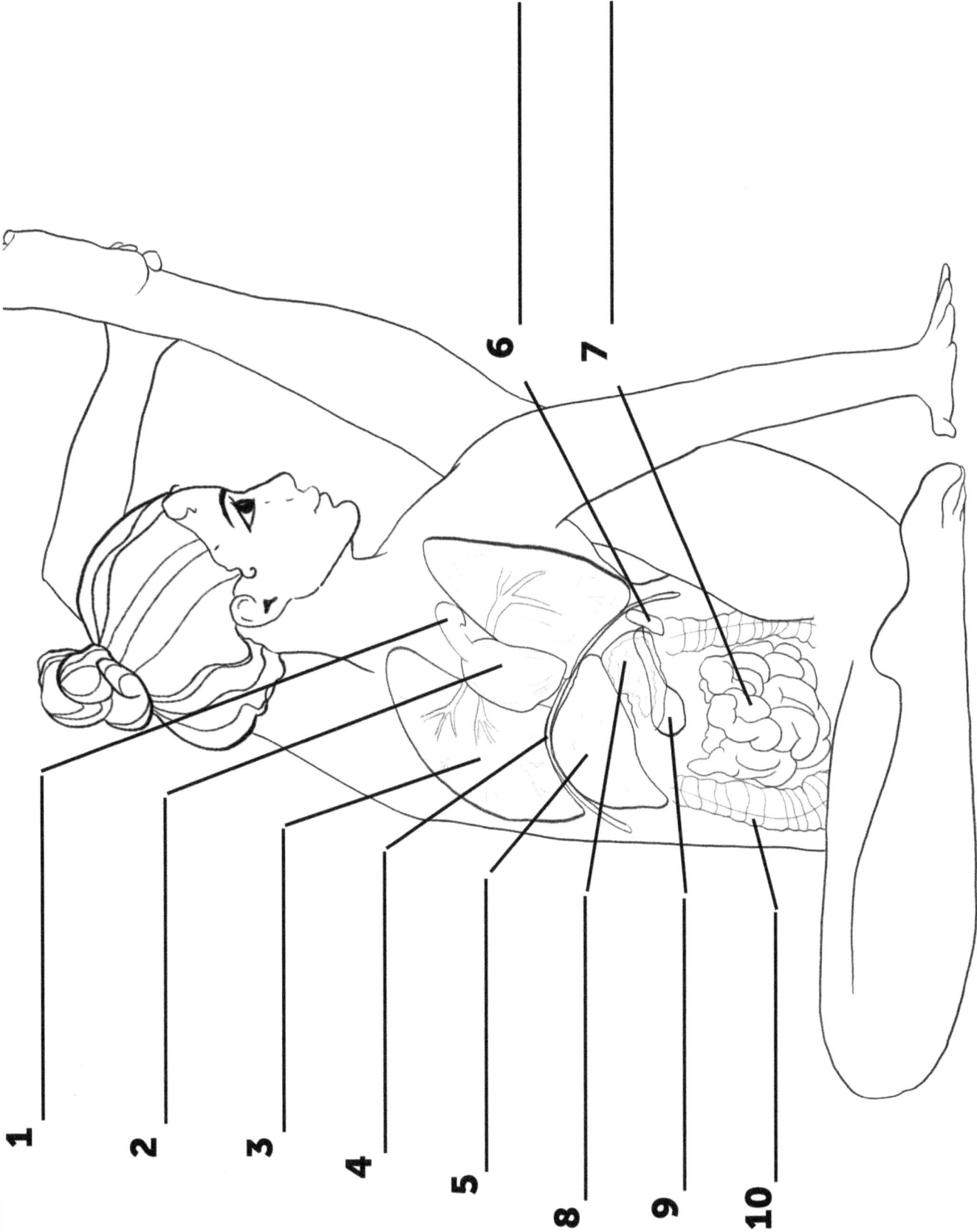

1

2

3

4

5

6

7

8

9

10

4. ABLEGEN DES KOMPASSES

1. AORTA

2. HERZ

3. LUNGE

4. DIAPHRAGMA

5. LEBER

6. GALLENBLASE

7. DÜNNDARM-SPULEN

8. MAGEN

9. BAUCHSPEICHELDRÜSE

10. AUFSTEIGENDER DICKDARM

5. VERLEGUNG VON MARICHI I

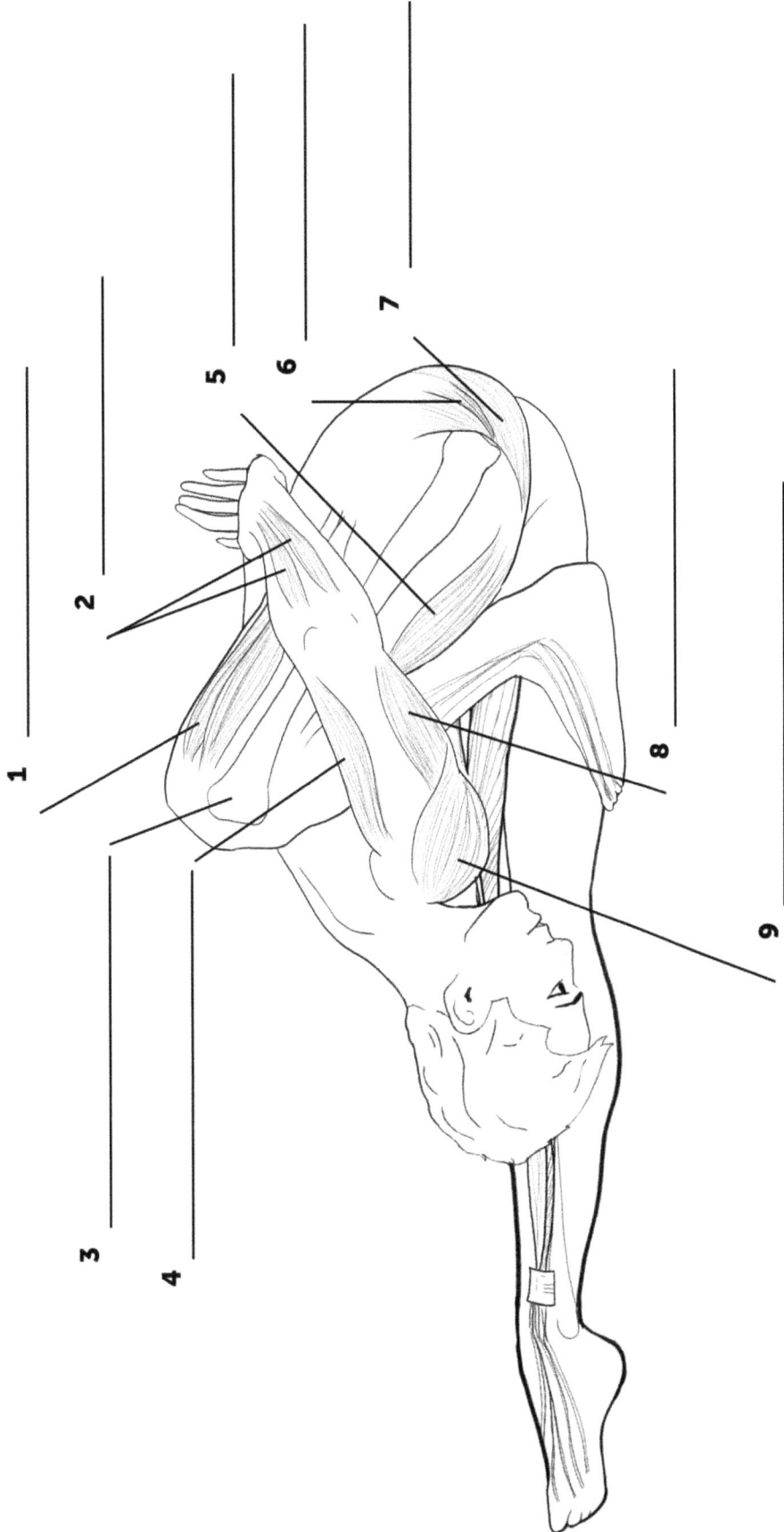

5. VERLEGUNG VON MARICHI I

1. QUADRIZEPS

2. PRONATOREN

3. OBERSCHENKELKNOCHEN

4. BIZEPS BRACHII

5. HAMSTRINGS

6. PIRIFORMIS

7. MAXIMALES GESÄß

8. TRIZEPS BRACHII

9. DELTAMUSKEL

6. VERLEGUNG VON MARICHI II

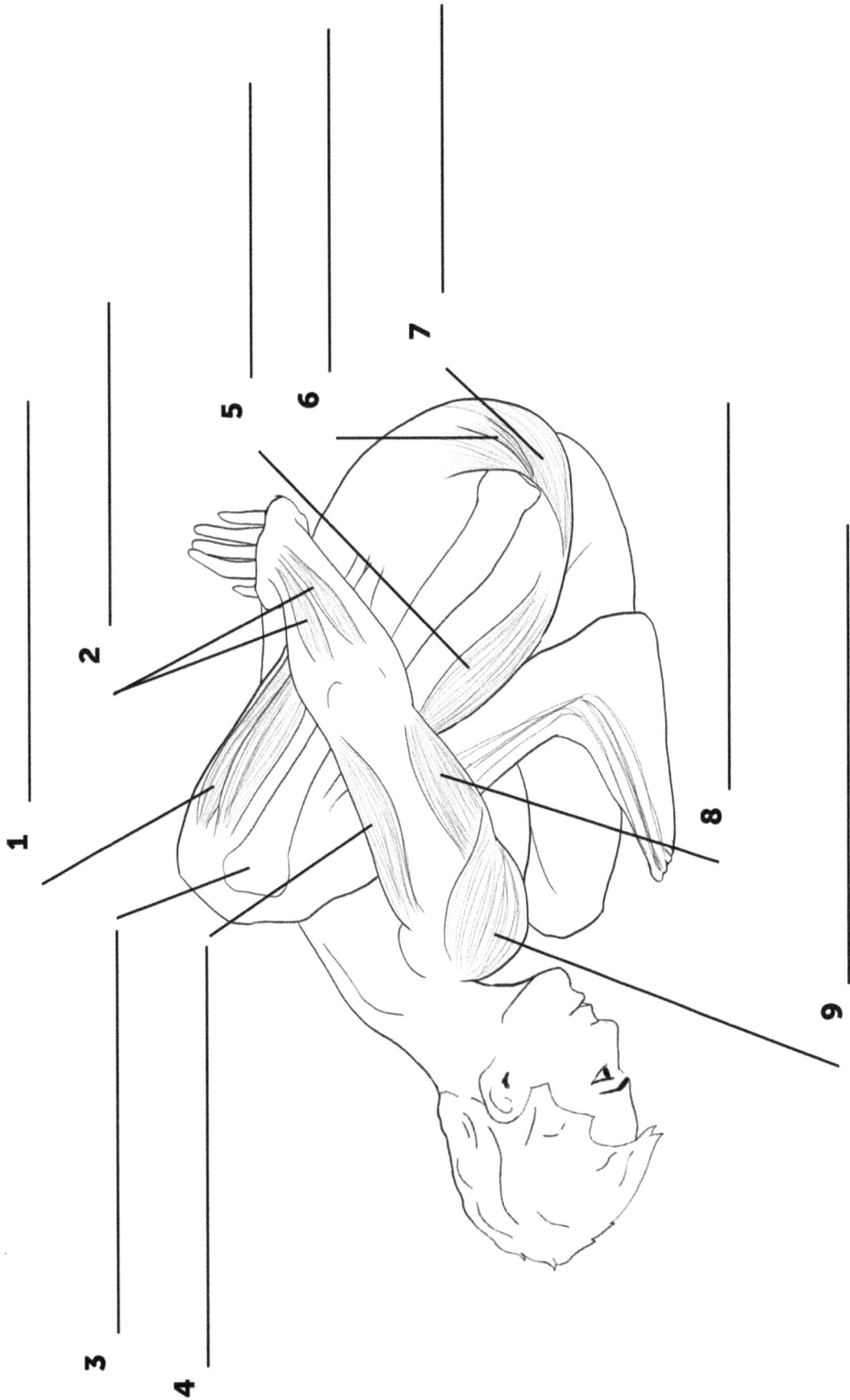

1

2

3

4

5

6

7

8

9

6. VERLEGUNG VON MARICHI II

1.   QUADRIZEPS

2.   PRONATOREN

3.   OBERSCHENKELKNOCHEN

4.   BIZEPS BRACHII

5.   HAMSTRINGS

6.   PIRIFORMIS

7.   MAXIMALES GESÄß

8.   TRIZEPS BRACHII

9.   DELTAMUSKEL

7. VERLEGUNG MARICHI III

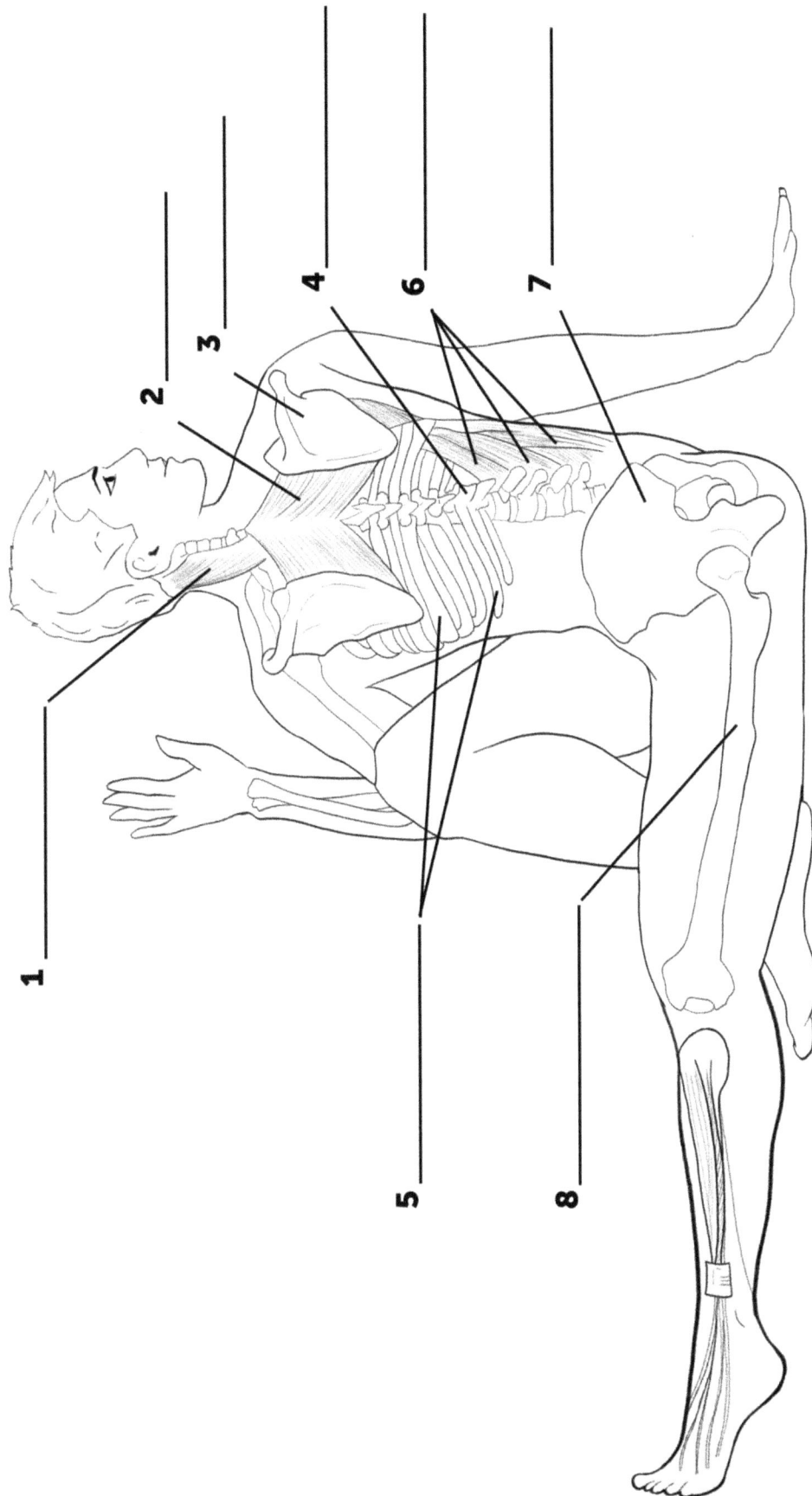

1
2
3
4
6
7
5
8

7. VERLEGUNG MARICHI III

1. SPLENIUS CAPITIS

2. RHOMBOIDE

3. SCHULTERBLATT

4. WIRBELSÄULE

5. KÜSTEN

6. EREKTOR SPINAE

7. BASSIN

8. OBERSCHENKELKNOCHEN

8. INSTALLATION DER PYRAMIDE

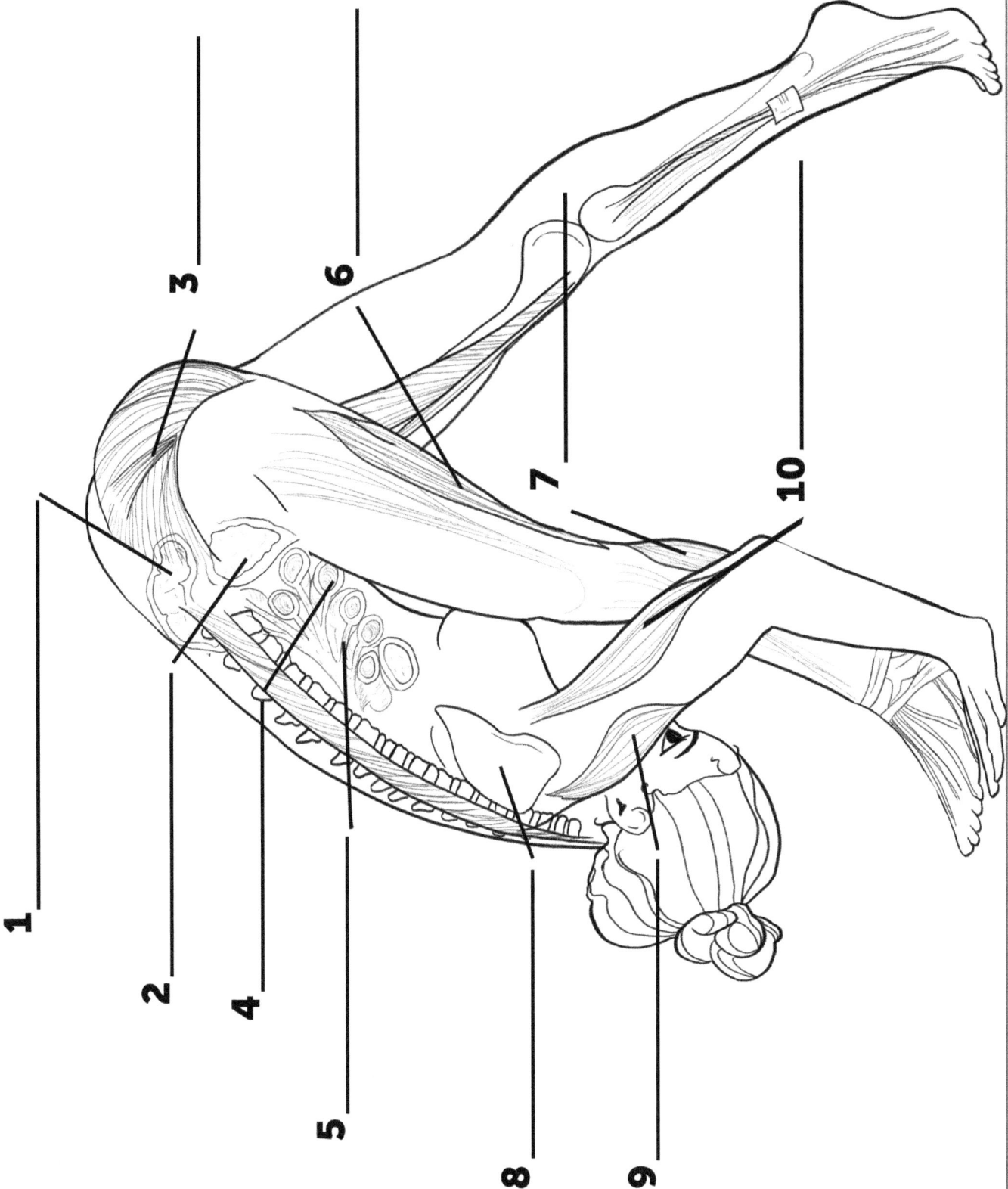

8. INSTALLATION DER PYRAMIDE

1. REKTUM
2. BLASE
3. PIRIFORMIS
4. DÜNNDARM-SPULEN
5. DÜNNDARM-MESENTERIUM
6. HAMSTRINGS
7. GASTROCNEMIUS
8. SCHULTERBLATT
9. DELTOID
10. TRIZEPS BRACHII

9. HALTUNG DES KRIEGERS I

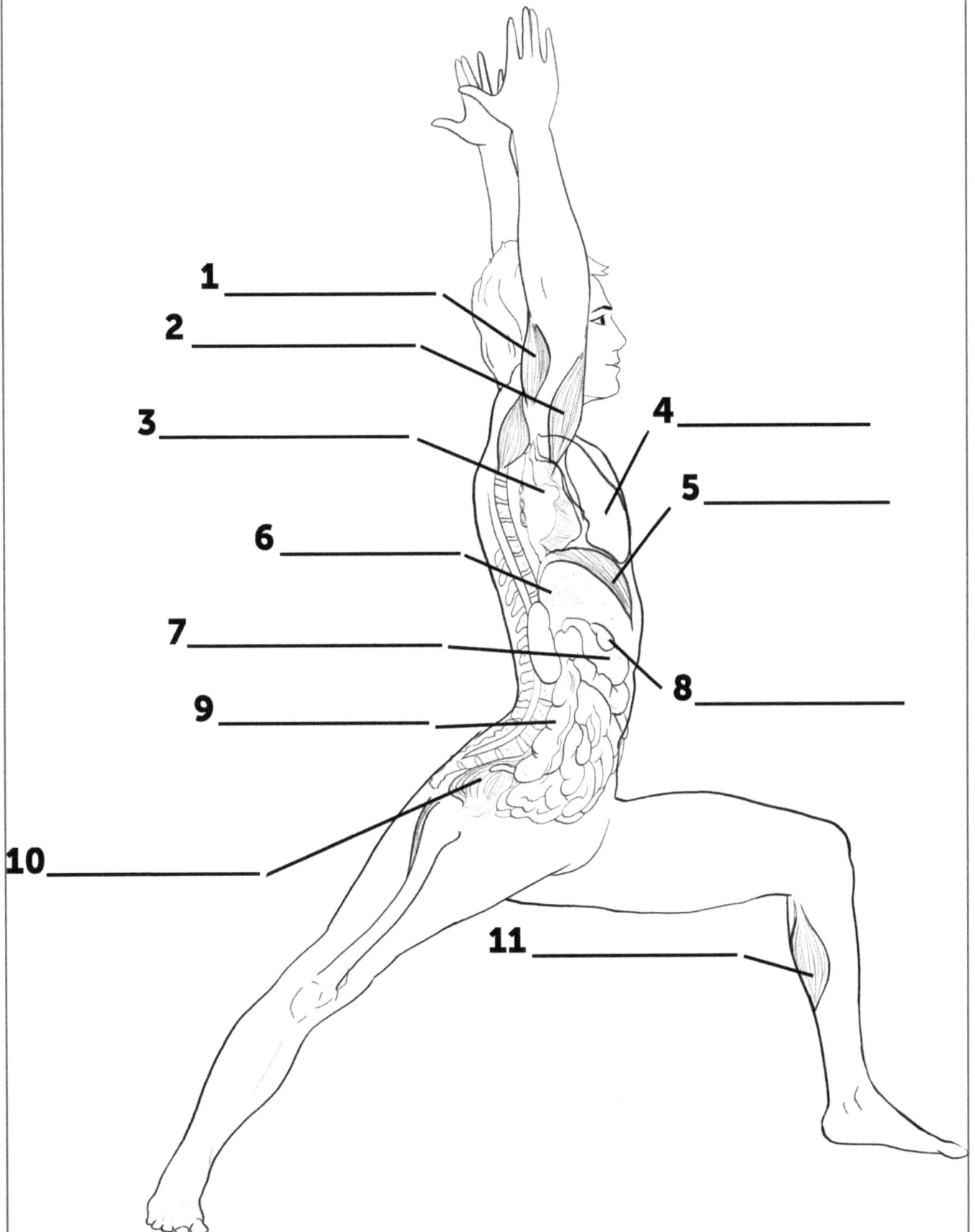

1 _____

2 _____

3 _____

4 _____

5 _____

6 _____

7 _____

8 _____

9 _____

10 _____

11 _____

9. HALTUNG DES KRIEGERS I

1. BIZEPS BRACHII

2. TRIZEPS BRACHII

3. HERZ

4. LUNGE

5. BLENDE

6. LEBER

7. MAGEN

8. GALLENBLASE

9. AUFSTEIGENDER DICKDARM

10. REKTUM

11. GASTROCNEMIUS

10. VERDREHTE KRIEGER-POSE

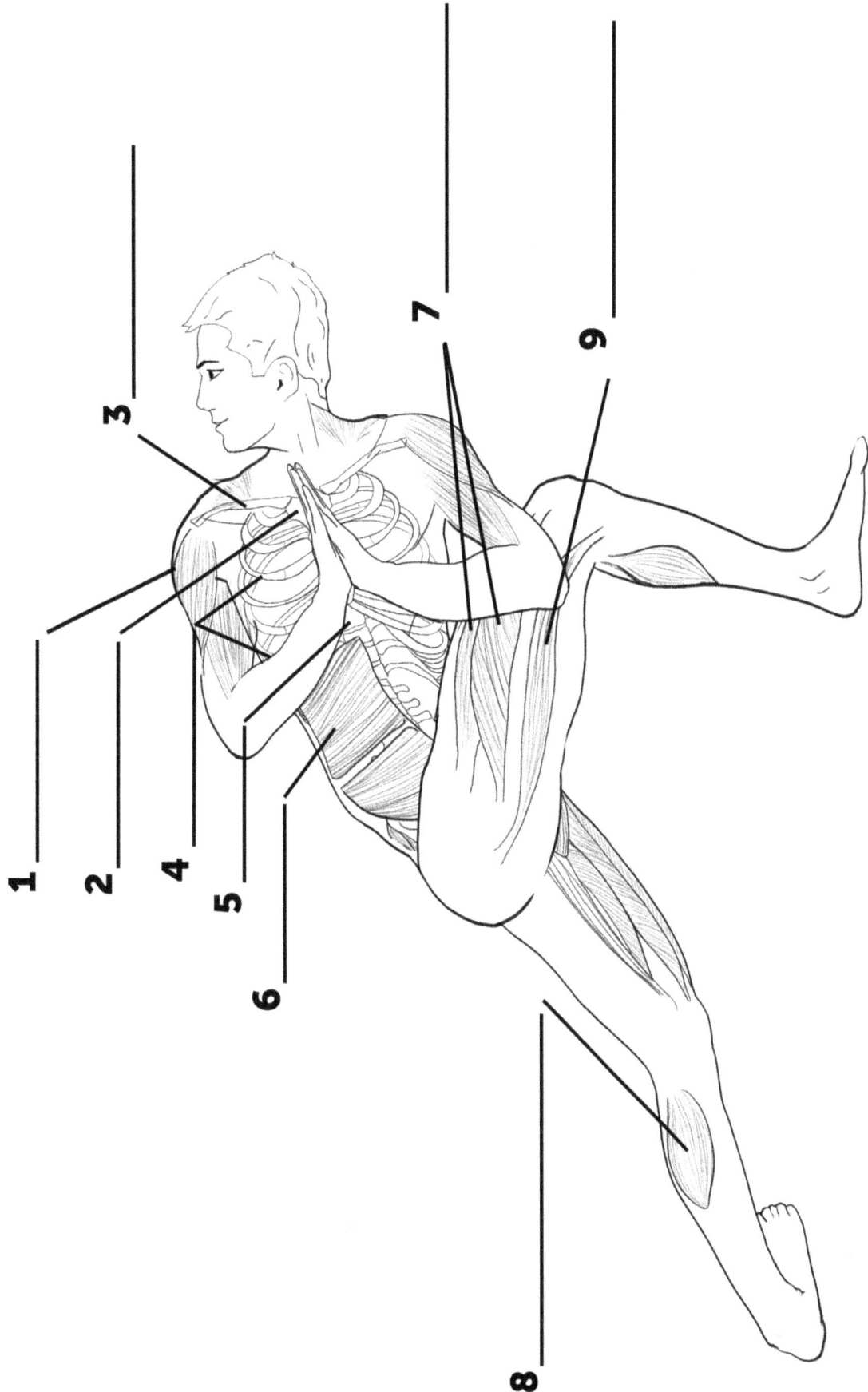

10. VERDREHTE KRIEGER-POSE

1. DELTOID
2. STERNUM
3. KRAGENBE
4. KÜSTEN
5. WIRBELSÄULE
6. INNERER SCHRÄGSTRICH
7. QUADRIZEPS
8. GASTROCNEMIUS
9. HAMSTRINGS

11. VERDRILLTE DREIECKSVERLEGUNG

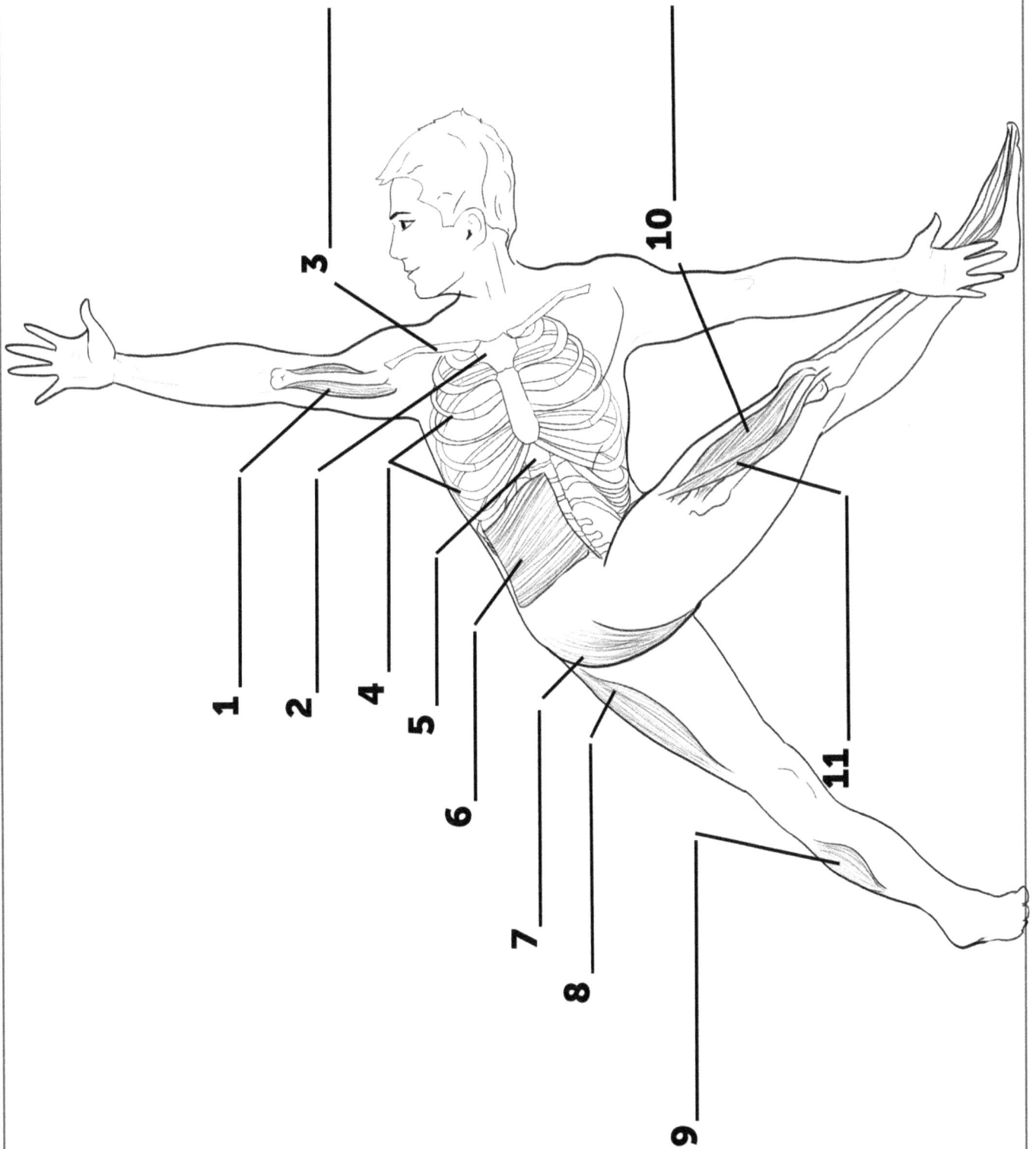

1
2
4
5
6
7
8
9
3
10
11

11. VERDRILLTE DREIECKSVERLEGUNG

1. TRIZEPS BRACHII
2. STERNUM
3. KRAGENBE
4. KÜSTEN
5. WIRBELSÄULE
6. INNERER SCHRÄGSTRICH
7. MAXIMALES GESÄß
8. HAMSTRINGS
9. GASTROKNISTER
10. QUADRIZEPS
11. SARTORIUS

12. SEITLICH VERDREHTE WINKELVERLEGUNG GEBUNDEN

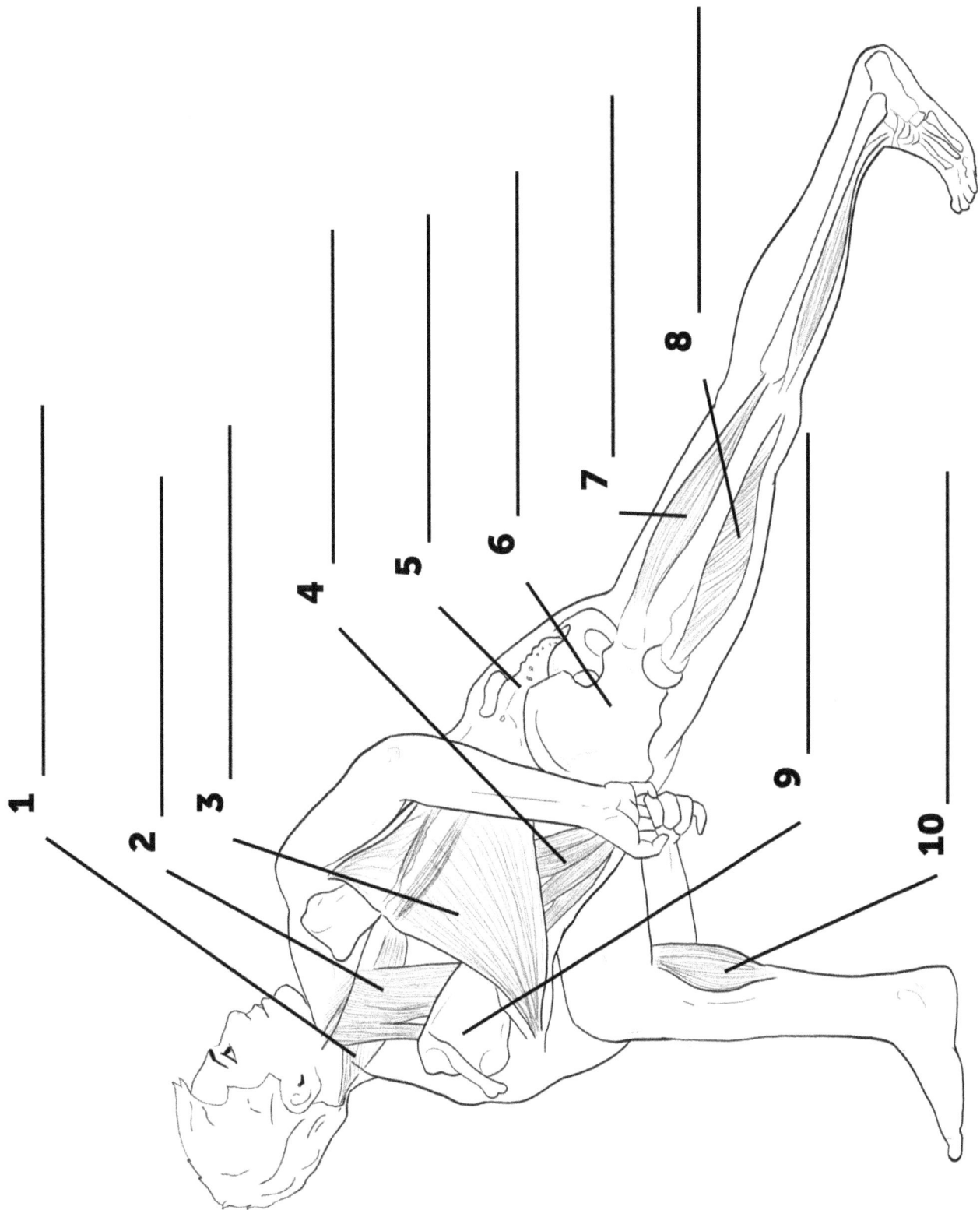

1

2

3

4

5

6

7

8

9

10

12. SEITLICH VERDREHTE WINKELVERLEGUNG
GEBUNDEN

1. SPLENIUS CAPITIS

2. RHOMBOIDS

3. LATISSIMUS DORSI

4. ERECTOR SPINAE

5. KREUZBEIN

6. BECKEN

7. ACHILLESSEHNEN

8. QUADRIZEPS

9. SCHULTERBLATT

10. GASTROCNEMIUS

13. POSIEREN SIE DAS KAMEL

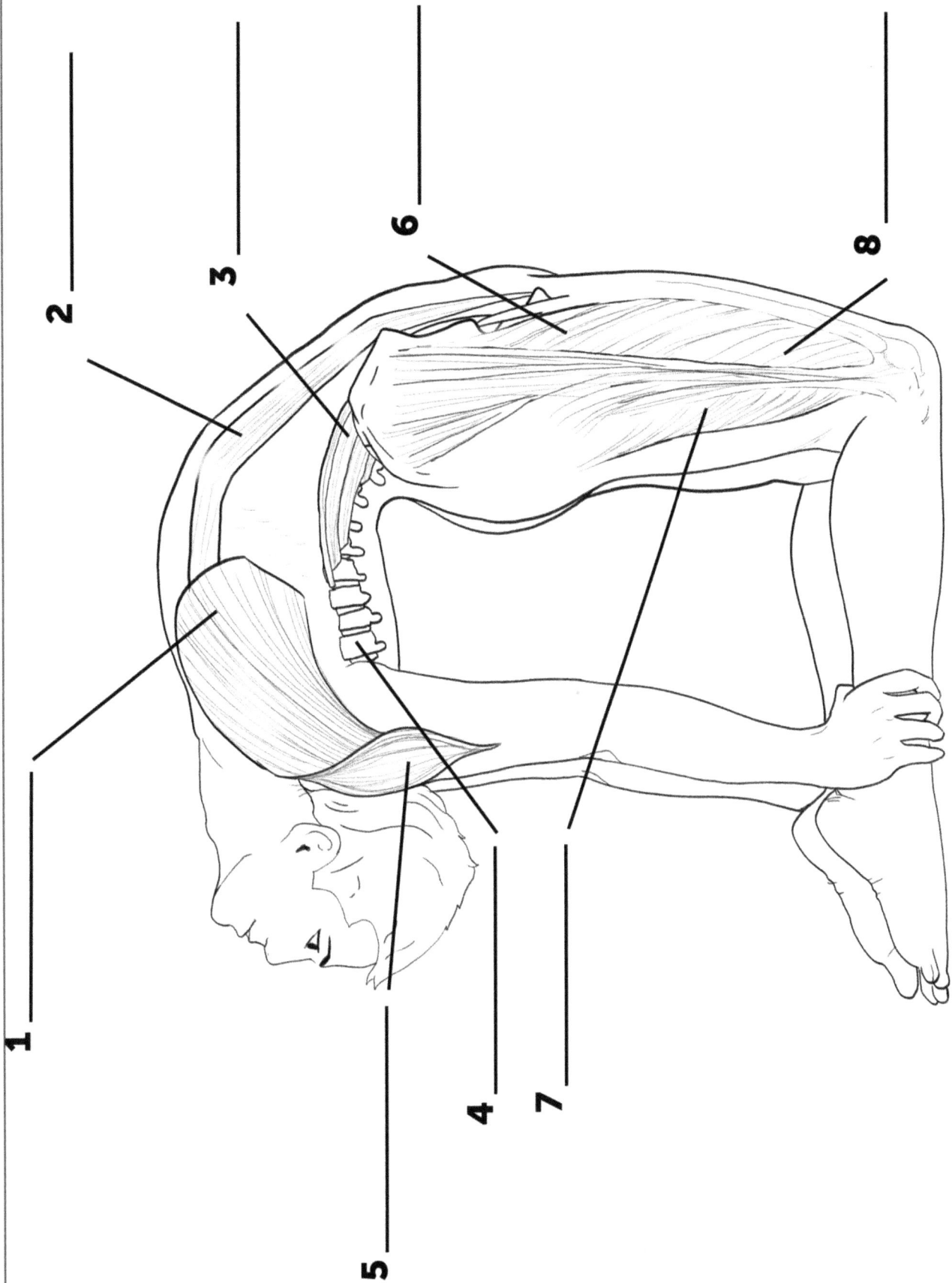

13. POSIEREN SIE DAS KAMEL

1.   PECTORALIS MAJOR

2.   RECTUS ABDOMINIS

3.   PSOAS MAJOR

4.   WIRBELSÄULE

5.   DELTOID

6.   RECTUS FEMORIS (OBERSCHENKELMUSKEL)

7.   HAMSTRINGS

8.   VASTUS LATERALIS

14. HALTUNG DES KRIEGERS II

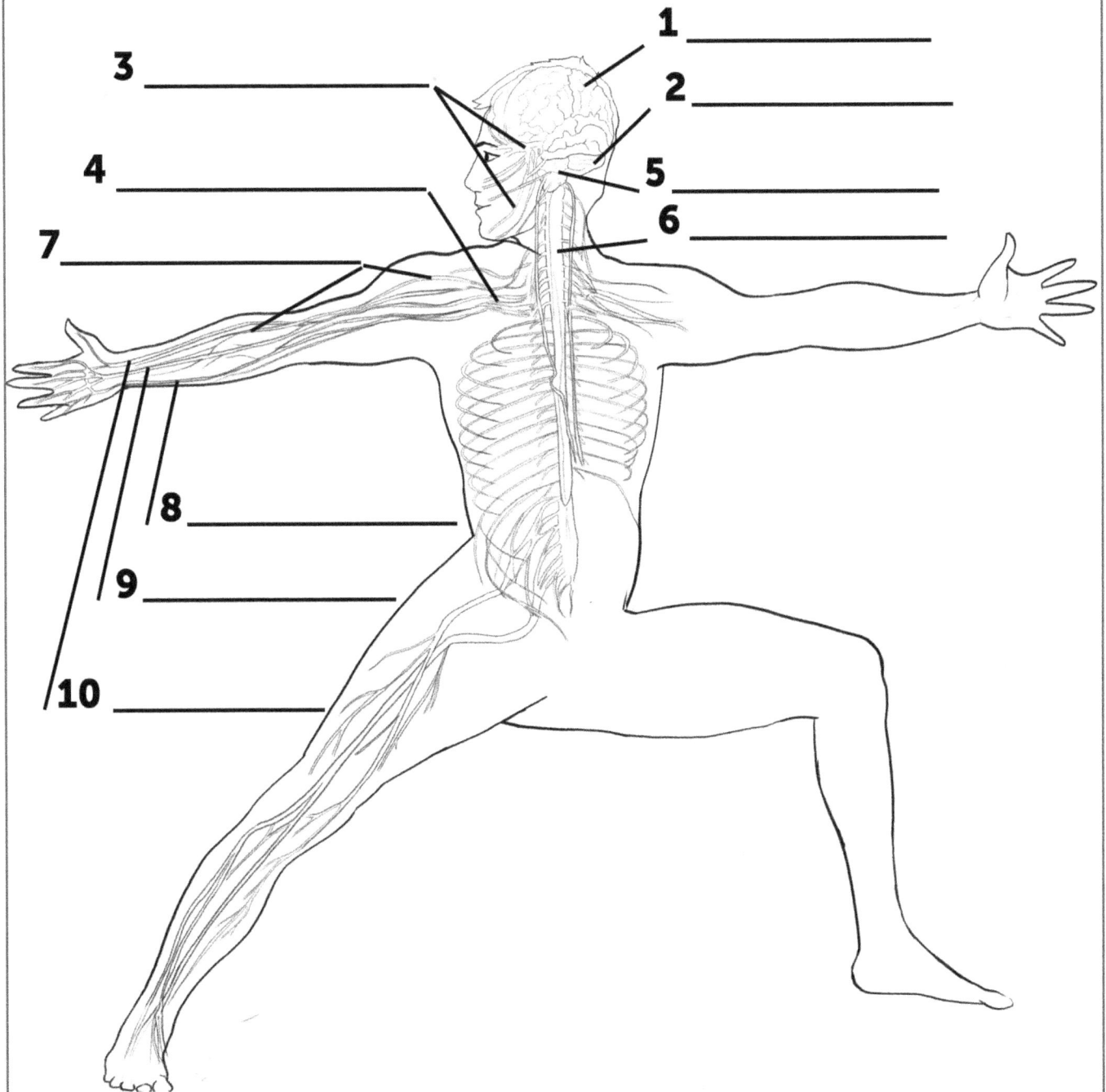

1 _____

3 _____

2 _____

4 _____

5 _____

7 _____

6 _____

8 _____

9 _____

10 _____

14. HALTUNG DES KRIEGERS II

1. GEHIRN
2. CERVELET
3. HIRNNERVEN
4. PLEXUS BRACHIALIS
5. HIRNSTAMM
6. RÜCKENMARK
7. MUSKULOKUTAN
8. ULNAR
9. MEDIAN
10. RADIAL

15. HALTUNG DES KRIEGERS III

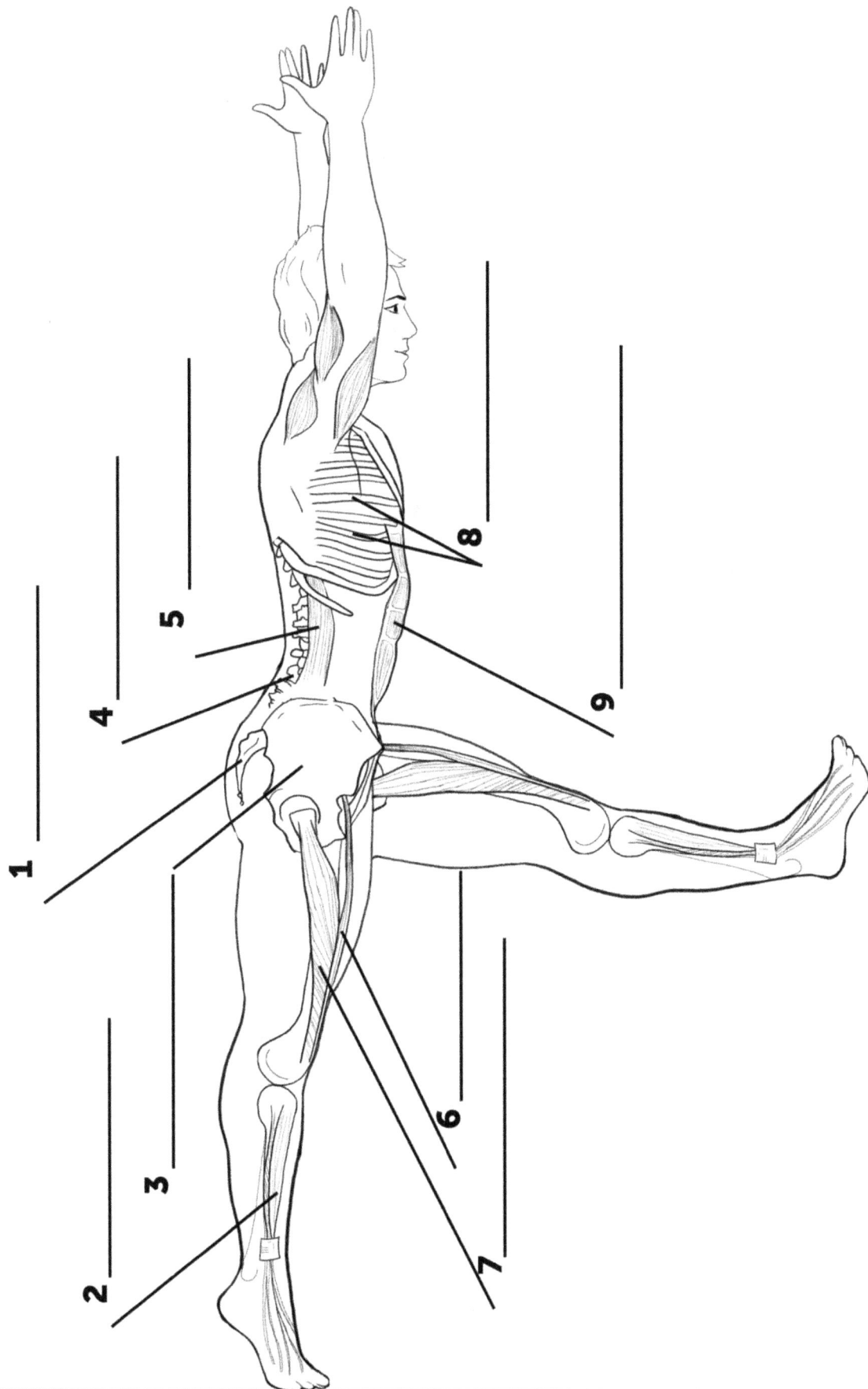

15. HALTUNG DES KRIEGERS III

1. KREUZBEIN
2. TIBIALIS ANTERIOR
3. BASSIN
4. WIRBELSÄULE
5. ERECTOR SPINAE
6. SARTORIUS
7. RECTUS FEMORIS (OBERSCHENKELMUSKEL)
8. KÜSTEN
9. RECTUS ABDOMINIS

16. UMGEKEHRTE KRIEGER-POSE

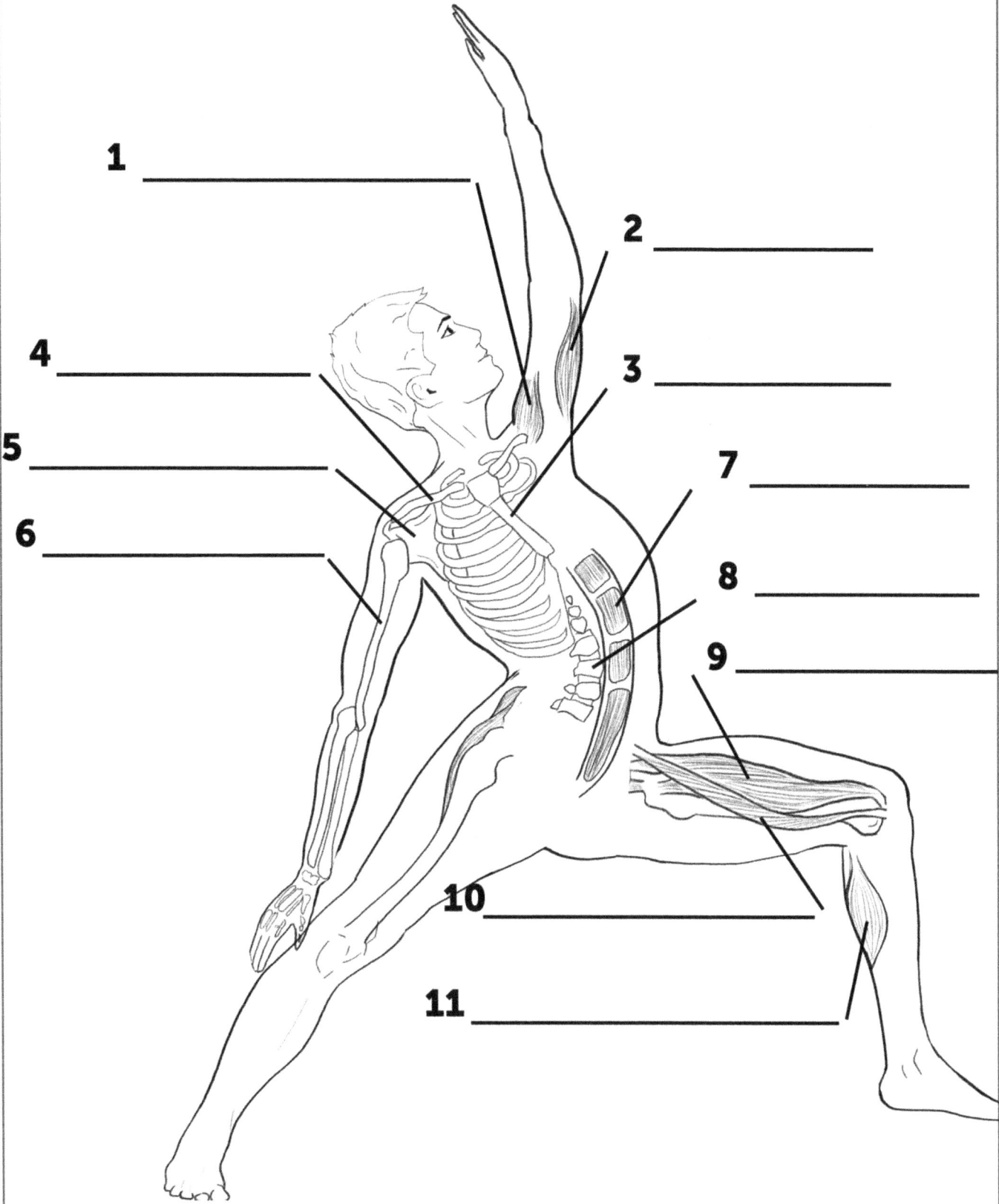

1 _____

2 _____

4 _____

3 _____

5 _____

7 _____

6 _____

8 _____

9 _____

10 _____

11 _____

16. UMGEKEHRTE KRIEGER-POSE

1. DELTOID

2. TRIZEPS BRACHII

3. STERNUM

4. KRAGENBE

5. SKAPULA

6. OBERARMKNOCHEN

7. RECTUS ABDOMINIS

8. WIRBELSÄULE

9. RECTUS FEMORIS (OBERSCHENKELMUSKEL)

10. SARTORIUS

11. GASTROCNEMIUS

17. POSE DES HELDEN

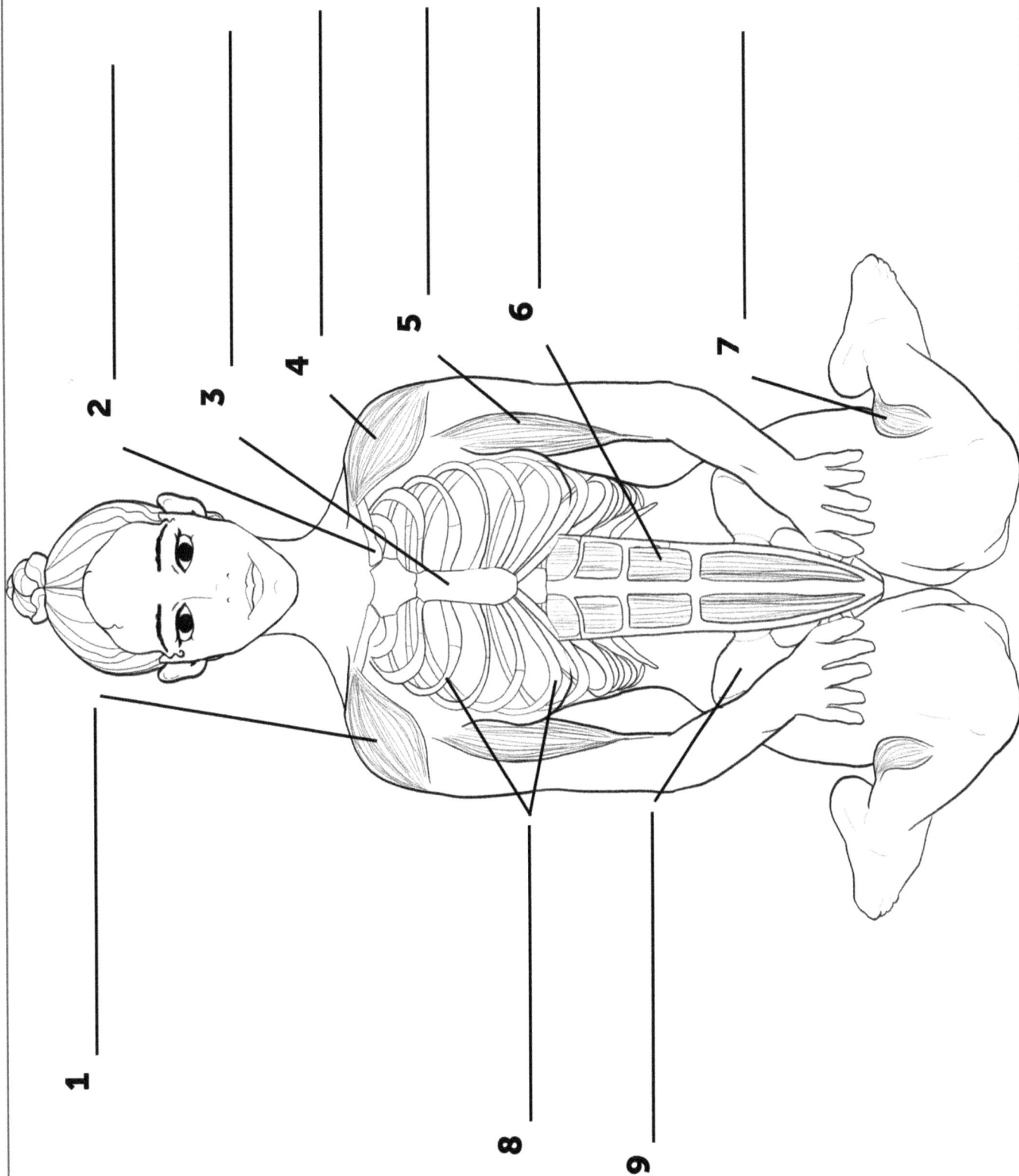

1

2

3

4

5

6

7

8

9

17. POSE DES HELDEN

1. DELTOID
2. SCHLÜSSELBEIN
3. STERNUM
4. DELTOID
5. BIZEPS BRACHII
6. RECTUS ABDOMINIS
7. GASTROKNISTER
8. KÜSTEN
9. EINZUGSGEBIET

18. HALBLIEGENDER HELD

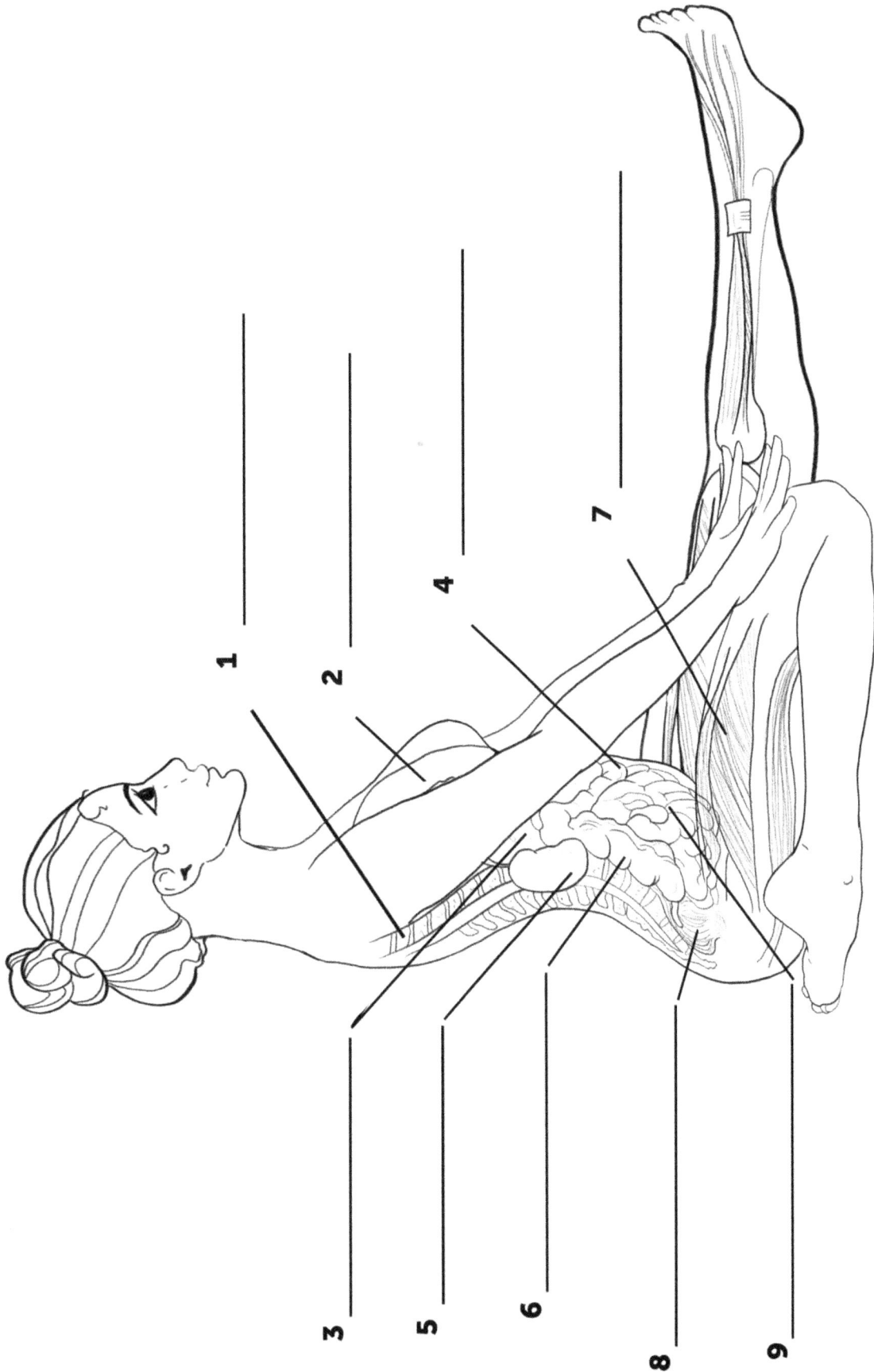

1

2

3

4

5

6

7

8

9

18. HALBLIEGENDER HELD

1. WIRBELSÄULE

2. LUNGE

3. LEBER

4. QUERKOLON

5. NIERE

6. AUFSTEIGENDER DICKDARM

7. QUADRIZEPS

8. REKTUM

9. DÜNNDARMSPULEN

19. SCHRÄGE HELDENPOSE

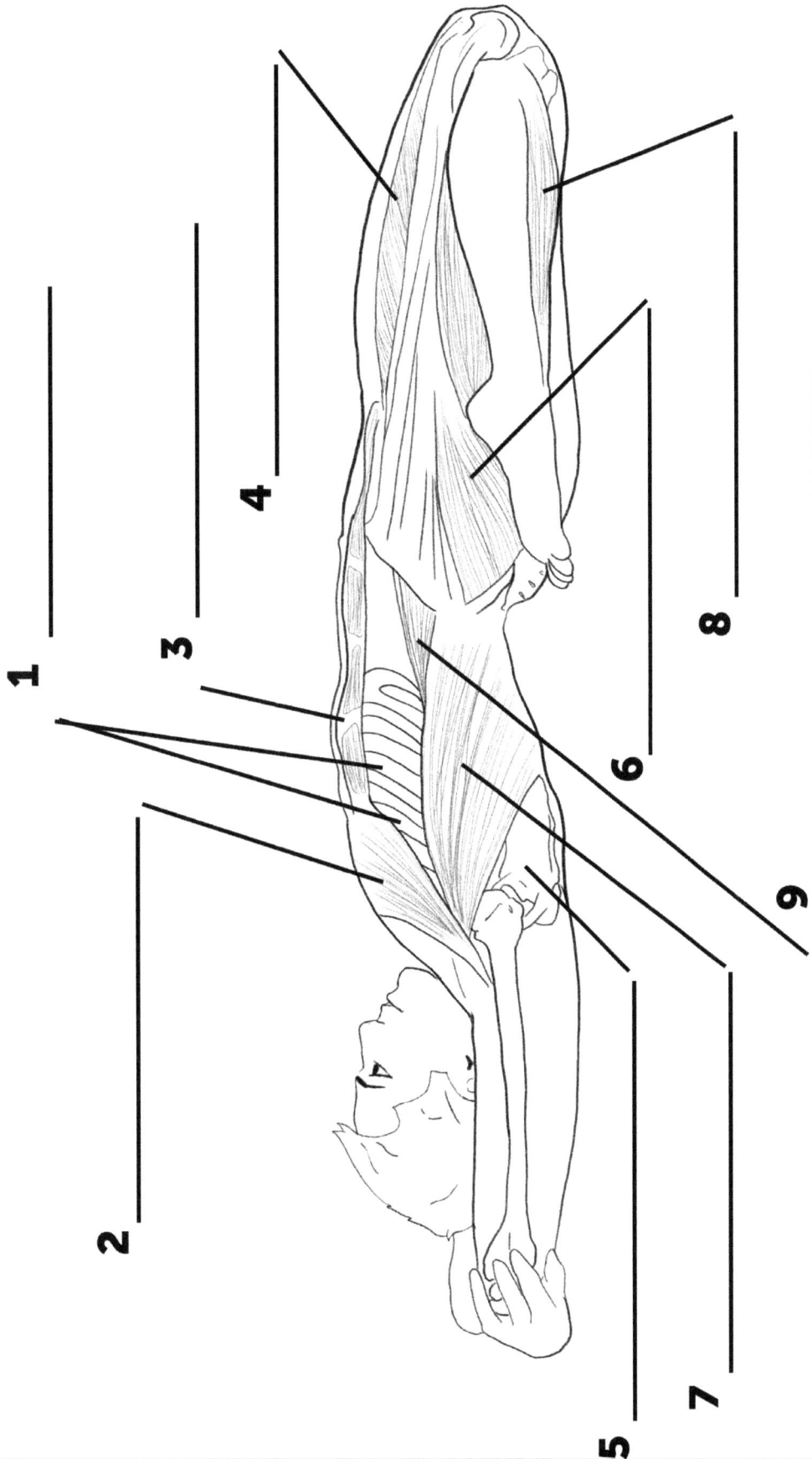

1

2

3

4

5

6

7

8

9

19. SCHRÄGE HELDENPOSE

1. KÜSTEN
2. PECTORALIS MAJOR
3. RECTUS ABDOMINIS
4. VASTUS LATERALIS
5. SCHULTERBLATT
6. GLUTEUS MAXIMUS
7. LATISSIMUS DORSI
8. TIBIALIS ANTERIOR
9. PSOAS MAJOR

20. VERLÄNGERTE HAND ZUR GROßEN ZEHE-POSE

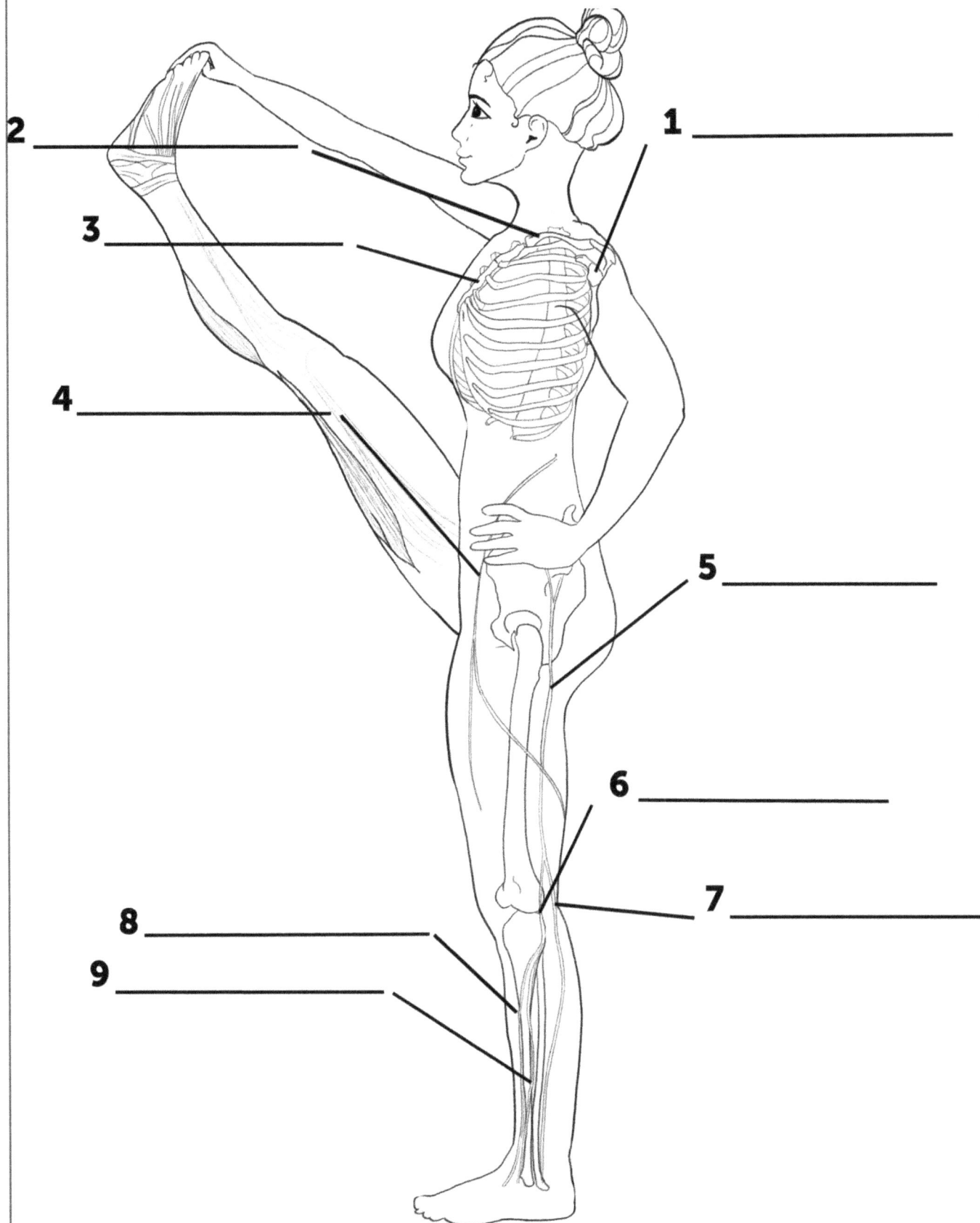

2 _____

3 _____

4 _____

1 _____

5 _____

6 _____

7 _____

8 _____

9 _____

20. VERLÄNGERTE HAND ZUR GROßEN ZEHE-POSE

1. SCHULTERBLATT

2. KRAGENBE

3. STERNUM

4. NERVUS CUTANUS LATERALIS FEMORALIS

5. ISCHIASNERV

6. NERVUS PERONEUS COMMUNIS

7. SCHIENBEINNERV

8. TIEFER PERONEUSNERV

9. OBERFLÄCHLICHER NERVUS PERONEUS

21. TAUBENLEGEN

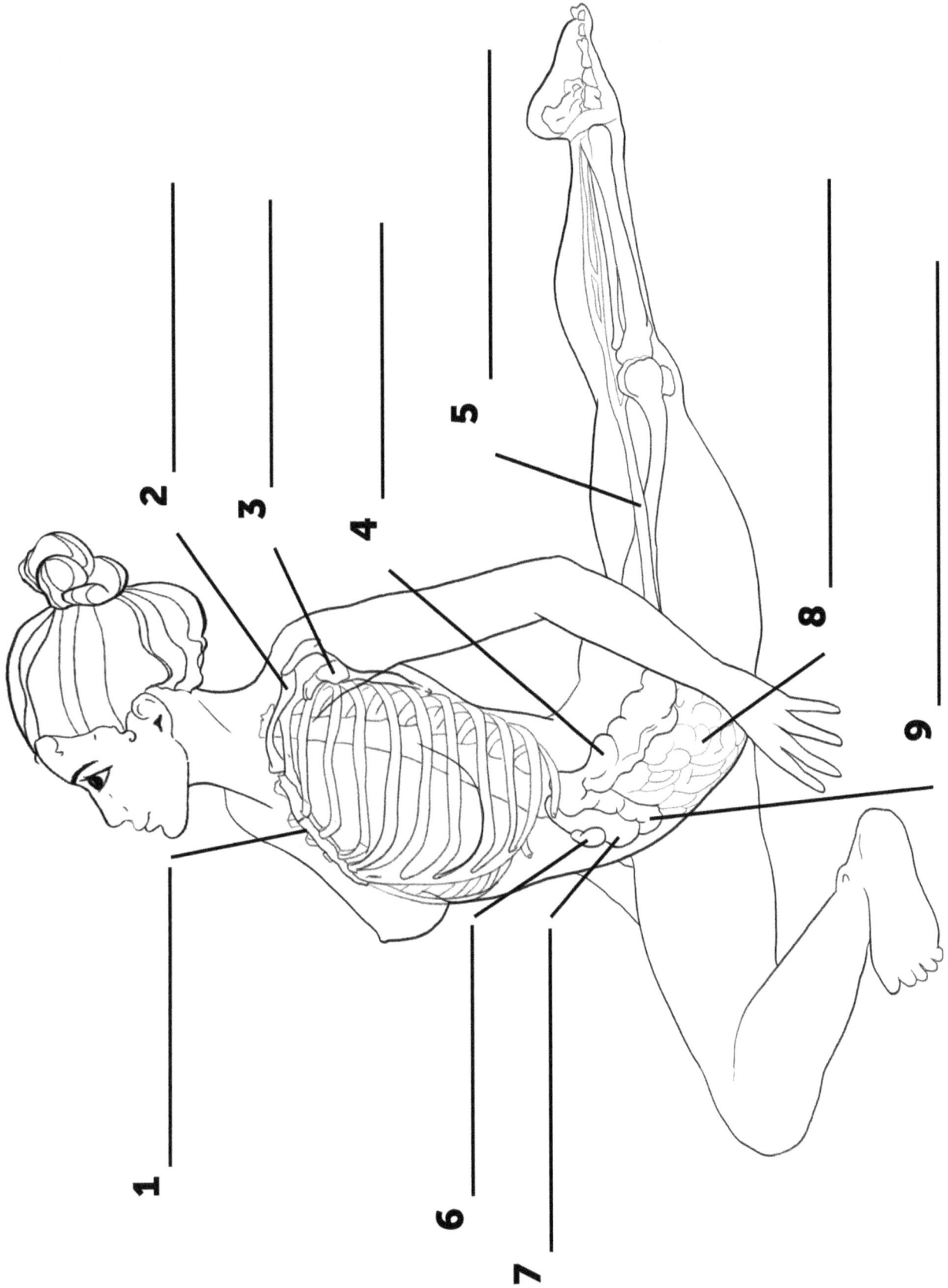

1

2

3

4

5

6

7

8

9

21. TAUBENLEGEN

1. STERNUM

2. KRAGENBE

3. SCHULTERBLATT

4. AUFSTEIGENDER DICKDARM

5. ISCHIASNERV

6. GALLENBLASE

7. MAGEN

8. DÜNNDARM-SPULEN

9. QUERKOLON

22. EINFÄDELN DER NADEL

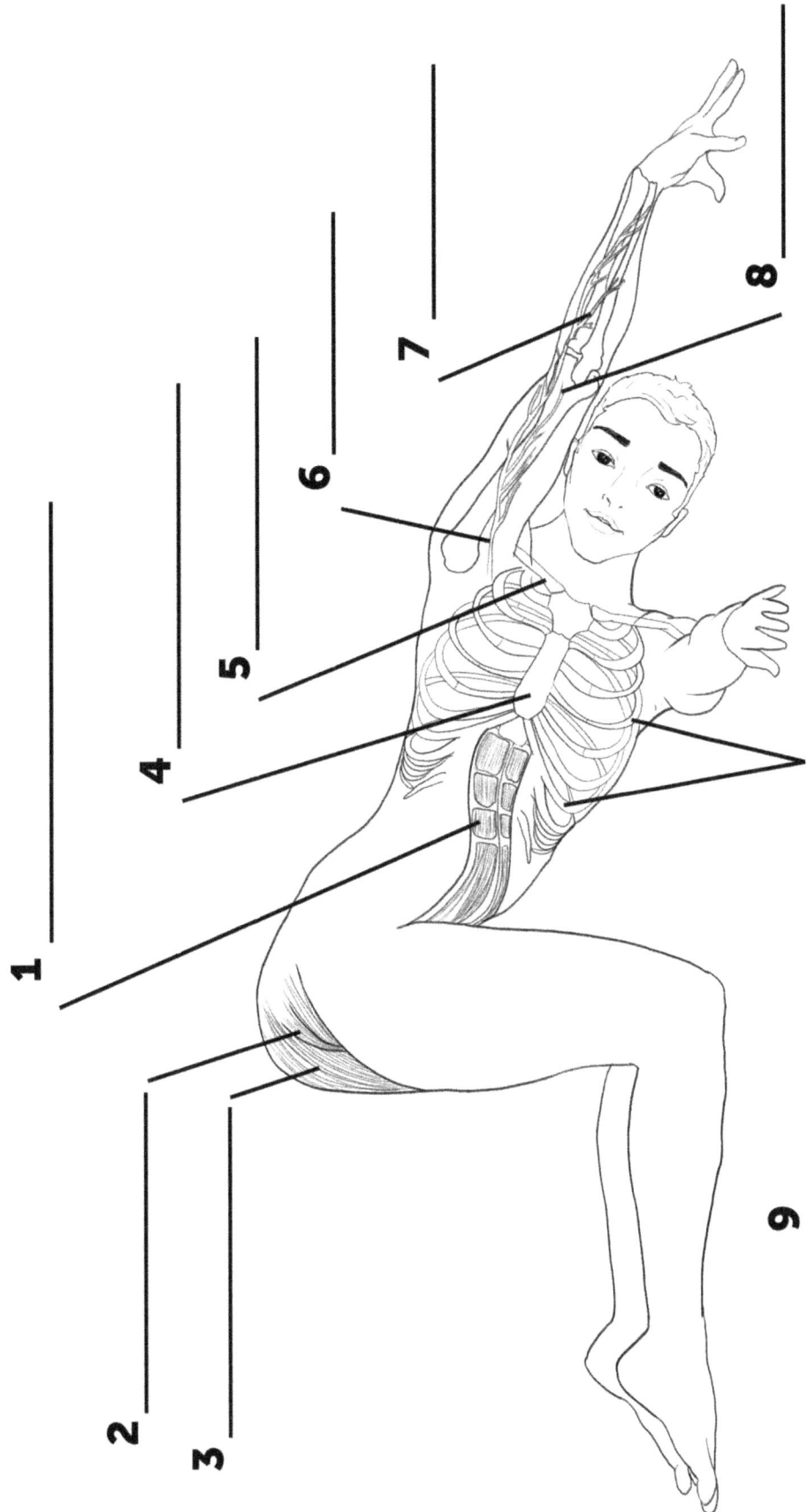

22. EINFÄDELN DER NADEL

1. RECTUS ABDOMINIS

2. PIRIFORMIS

3. GLUTEUS MAXIMUS

4. STERNUM

5. KRAGENBE

6. RADIALNERV

7. NERVUS INTEROSSUS POSTERIOR

8. ANCONEUS

9. KÜSTEN

23. REIHER-POSE

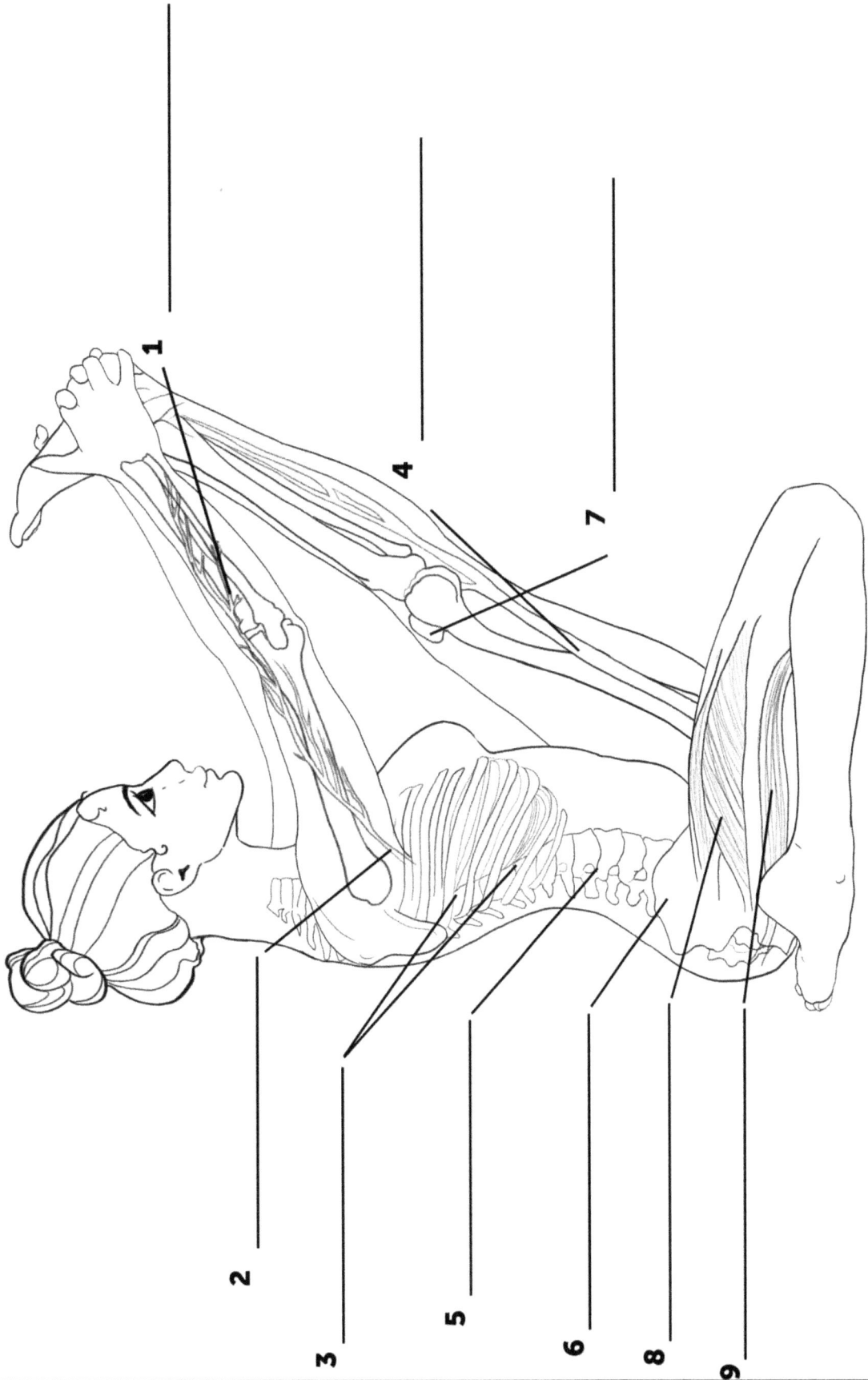

23. REIHER-POSE

1. NERVUS INTEROSSUS POSTERIOR

2. NERVUS RADIALIS

3. RIPPEN

4. ISCHIASNERV

5. WIRBELSÄULE

6. BECKEN

7. KNIESCHEIBE

8. QUADRIZEPS

9. KNIESEHNEN

24. BOGEN-INSTALLATION

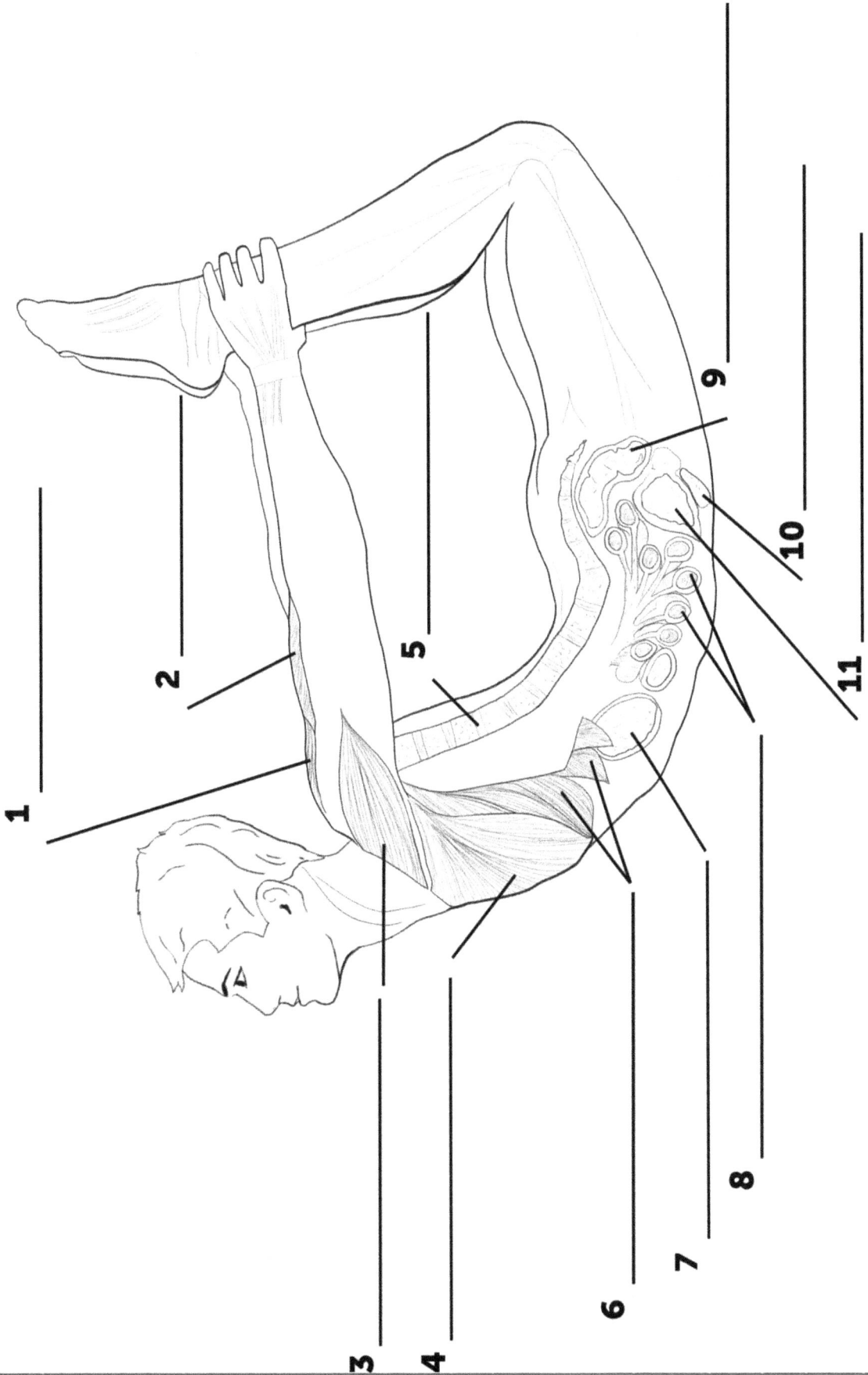

24. BOGEN-INSTALLATION

1. DER HINTERE DELTAMUSKEL

2. TRIZEPS BRACHII

3. VORDERER DELTAMUSKEL

4. PECTORALIS MAJOR

5. WIRBELSÄULE

6. SERRATUS ANTERIOR

7. MAGEN

8. DÜNNDARM-SPULEN

9. REKTUM

10. SCHAMBEIN

11. BLASE

25. MONTAGE DES BÜGELS ODER DES RADES NACH OBEN

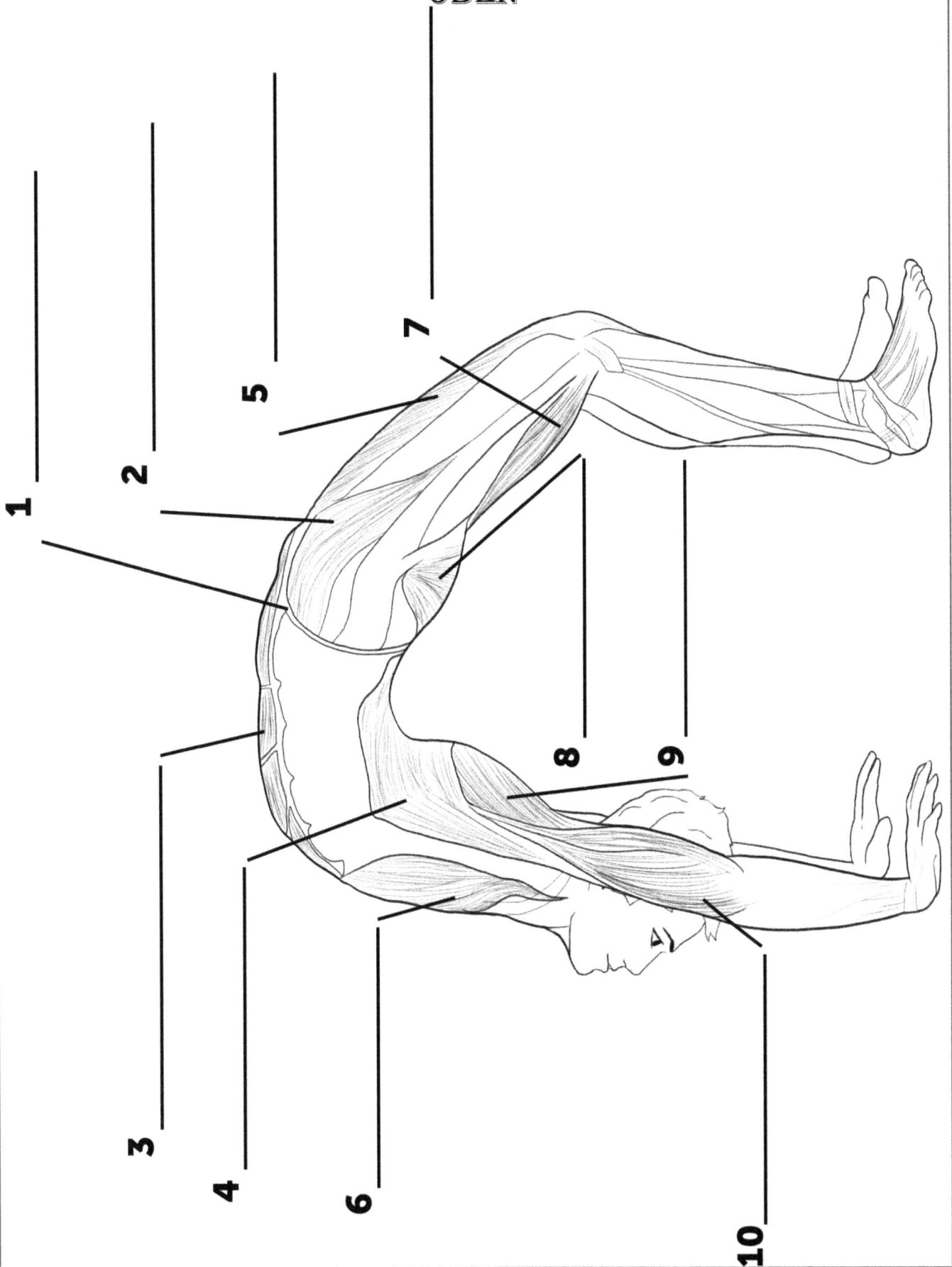

1

2

3

4

5

6

7

8

9

10

25. MONTAGE DES BÜGELS ODER DES RADES NACH OBEN

1. ILIOPSOAS
2. TENSOR FASCIA LATA
3. RECTUS ABDOMINIS
4. LATISSIMUS DORSI
5. QUADRIZEPS
6. PECTORALIS MAJOR
7. HAMSTRINGS
8. GLUTEUS MAXIMUS
9. EREKTOR SPINAE
10. TRIZEPS BRACHII

26. POSE DER EIDECHSE

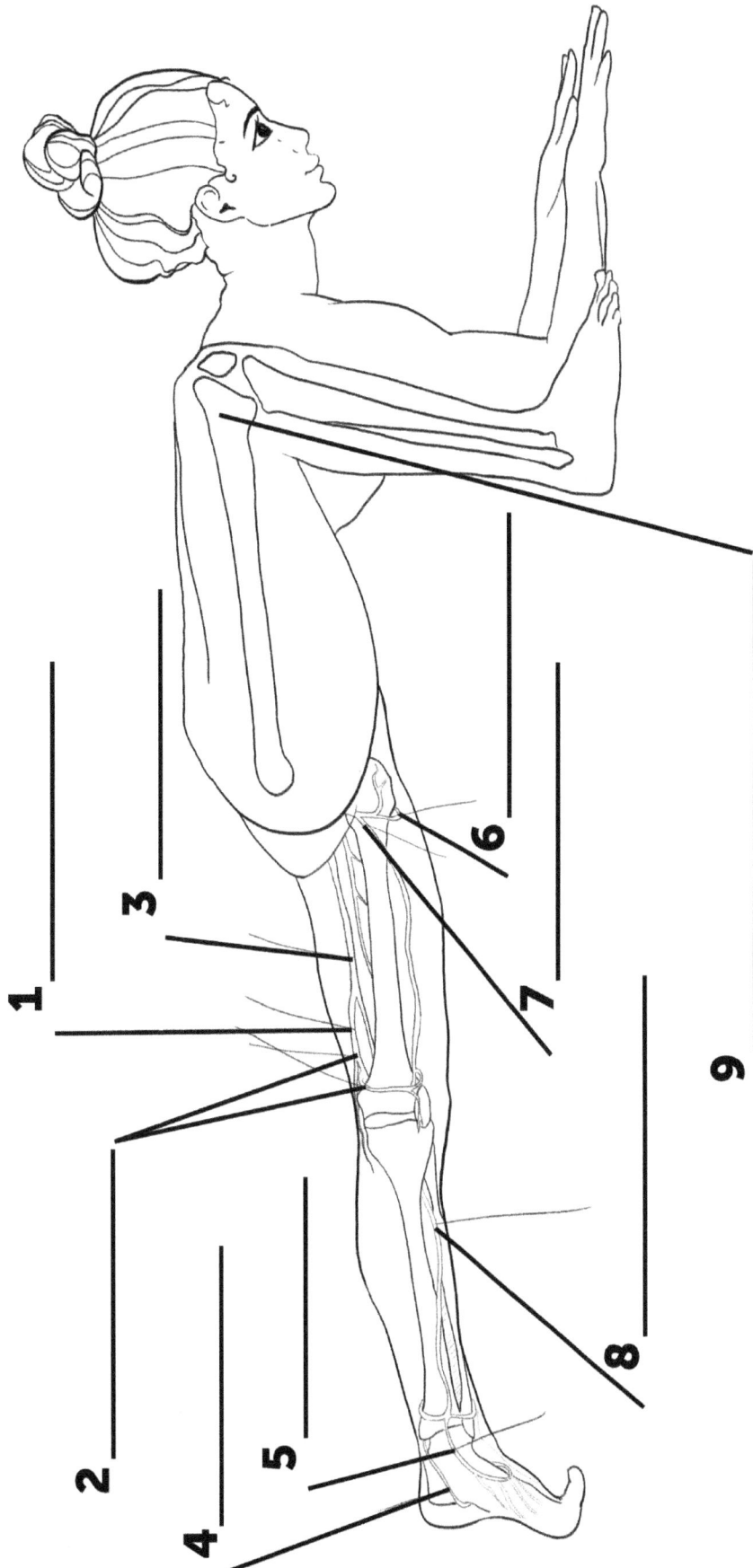

26. POSE DER EIDECHSE

1. ADDUKTORENUNTERBRECHUNG

2. ARTERIEN IM GENICK

3. OBERSCHENKELARTERIE

4. MEDIANE PLANTARARTERIE

5. PEDALE DORSALARTERIE

6. SEITLICHE ZIRKUMFLEXE OBERSCHENKELARTERIE

7. ABSTEIGENDER ZWEIG

8. ARTERIA TIBIALIS ANTERIOR

9. OBERSCHENKELKNOCHEN

27. EINBEINIGE RINGELTAUBE BEIM LEGEN

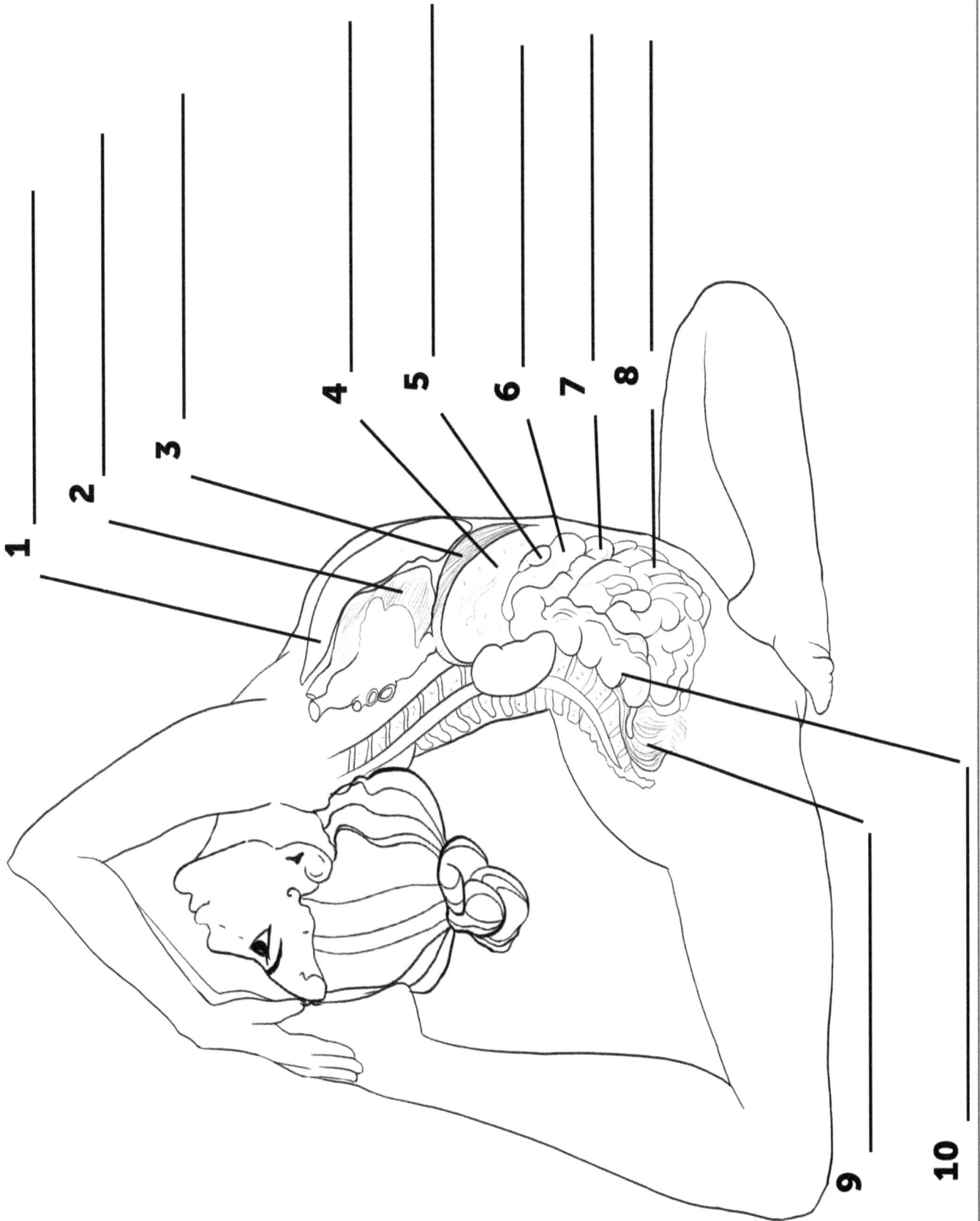

1

2

3

4

5

6

7

8

9

10

27. EINBEINIGE RINGELTAUBE BEIM LEGEN

1.   LUNGE

2.   HERZ

3.   DIAPHRAGMA

4.   LEBER

5.   GALLENBLASE

6.   MAGEN

7.   QUERKOLON

8.   DÜNNDARM-SPULEN

9.   REKTUM

10.   AUFSTEIGENDER DICKDARM

28. INSTALLATION DES BAUMS

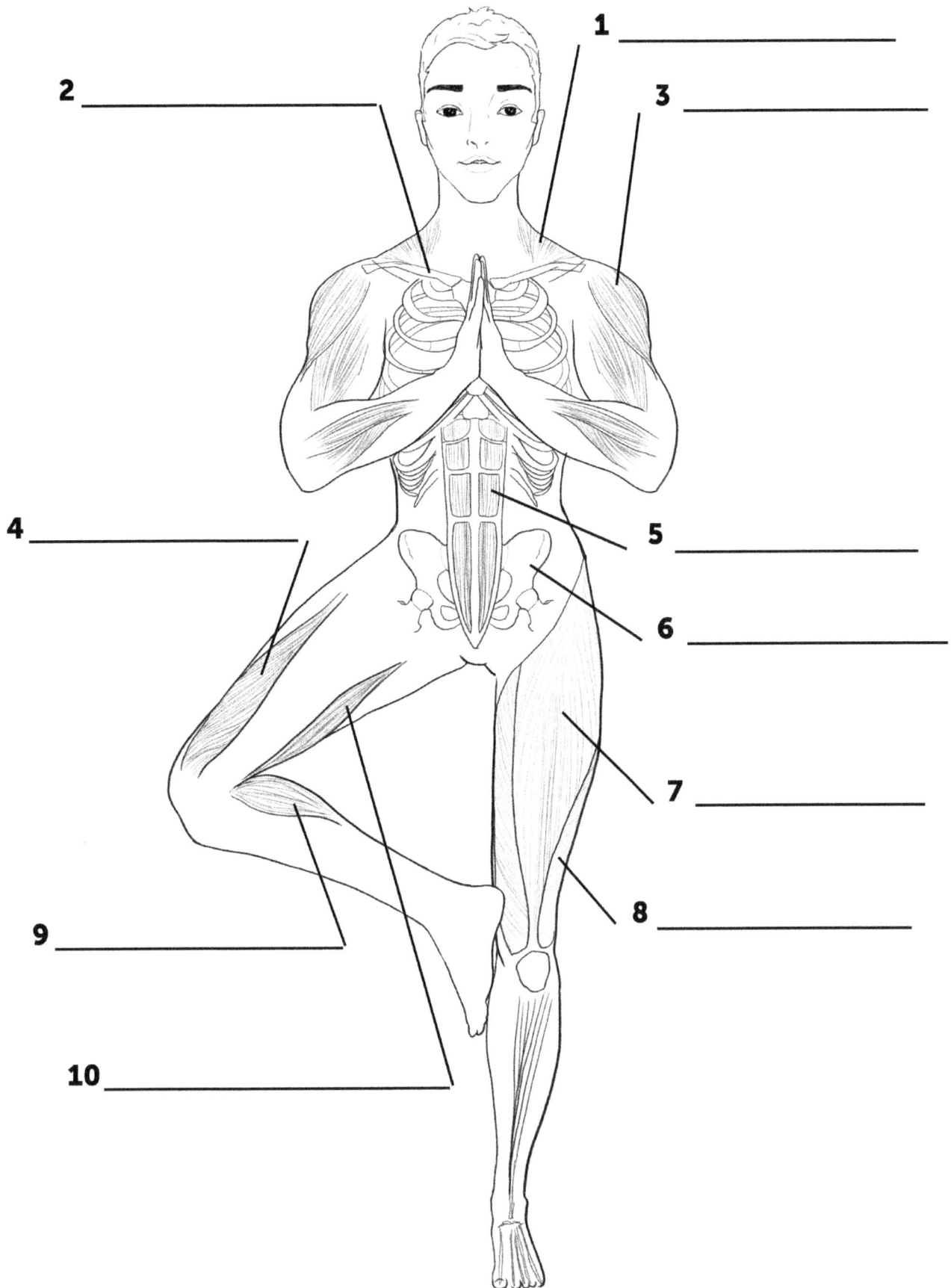

1 _____

2 _____

3 _____

4 _____

5 _____

6 _____

7 _____

8 _____

9 _____

10 _____

28. INSTALLATION DES BAUMS

1. TRAPEZ
2. KRAGENBE
3. DELTOID
4. QUADRIZEPS
5. RECTUS ABDOMINIS
6. BASSIN
7. RECTUS FEMORIS
8. VASTUS LATERALIS
9. GASTROKNISTER
10. HAMSTRINGS

29. LEGEN DES ADLERS

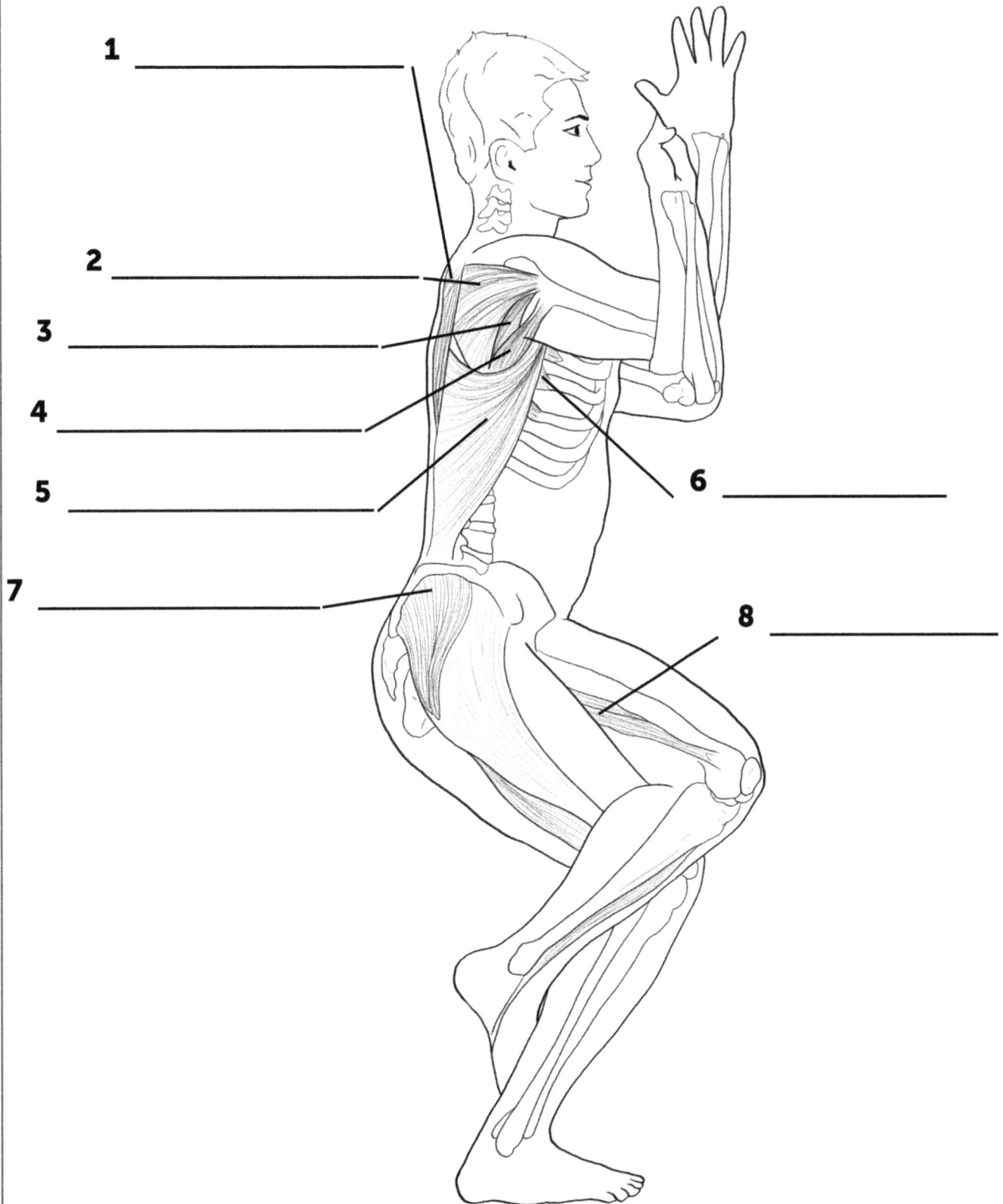

1 _____

2 _____

3 _____

4 _____

5 _____

6 _____

7 _____

8 _____

29. LEGEN DES ADLERS

1. TRAPEZ

2. INFRASPINATUS

3. KLEINE ERDE

4. MAJOR ERDE

5. LATISSIMUS DORSI

6. SERRATUS ANTERIOR

7. DURCHSCHNITTLICHE POBACKEN

8. GROßER ADDUKTOR

30. KOPF BIS ZU DEN KNIEN

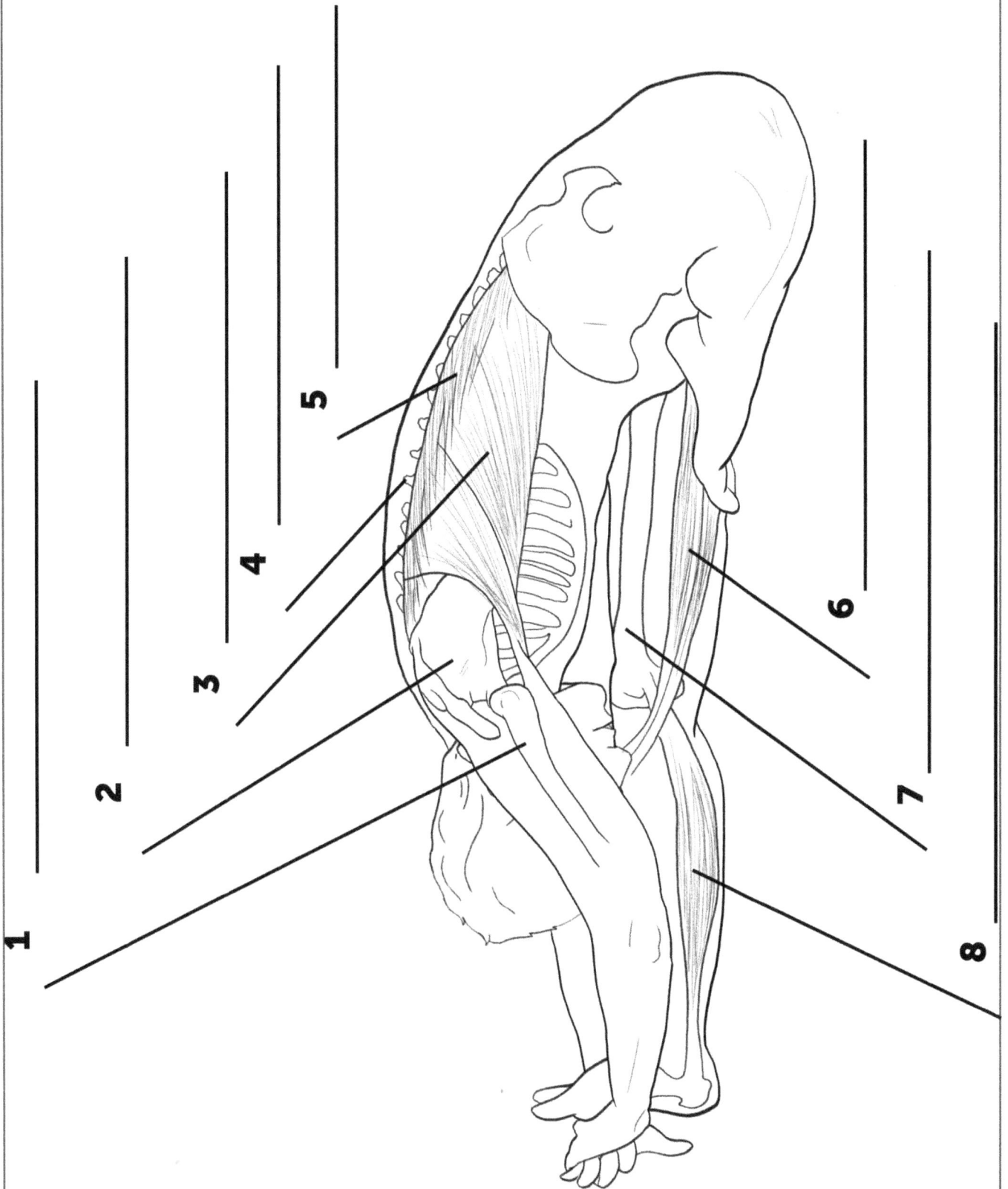

1

2

3

4

5

6

7

8

30. KOPF BIS ZU DEN KNIEN

1. HUMERUS
2. SCHULTERBLATT
3. LATISSIMUS DORSI
4. WIRBELSÄULE
5. WIRBELSÄULENAUFRICHTER
6. HAMSTRINGS
7. OBERSCHENKELKNOCHEN
8. GASTROCNEMIUS

31. DER HERR DER VERLEGUNG DES TANZES

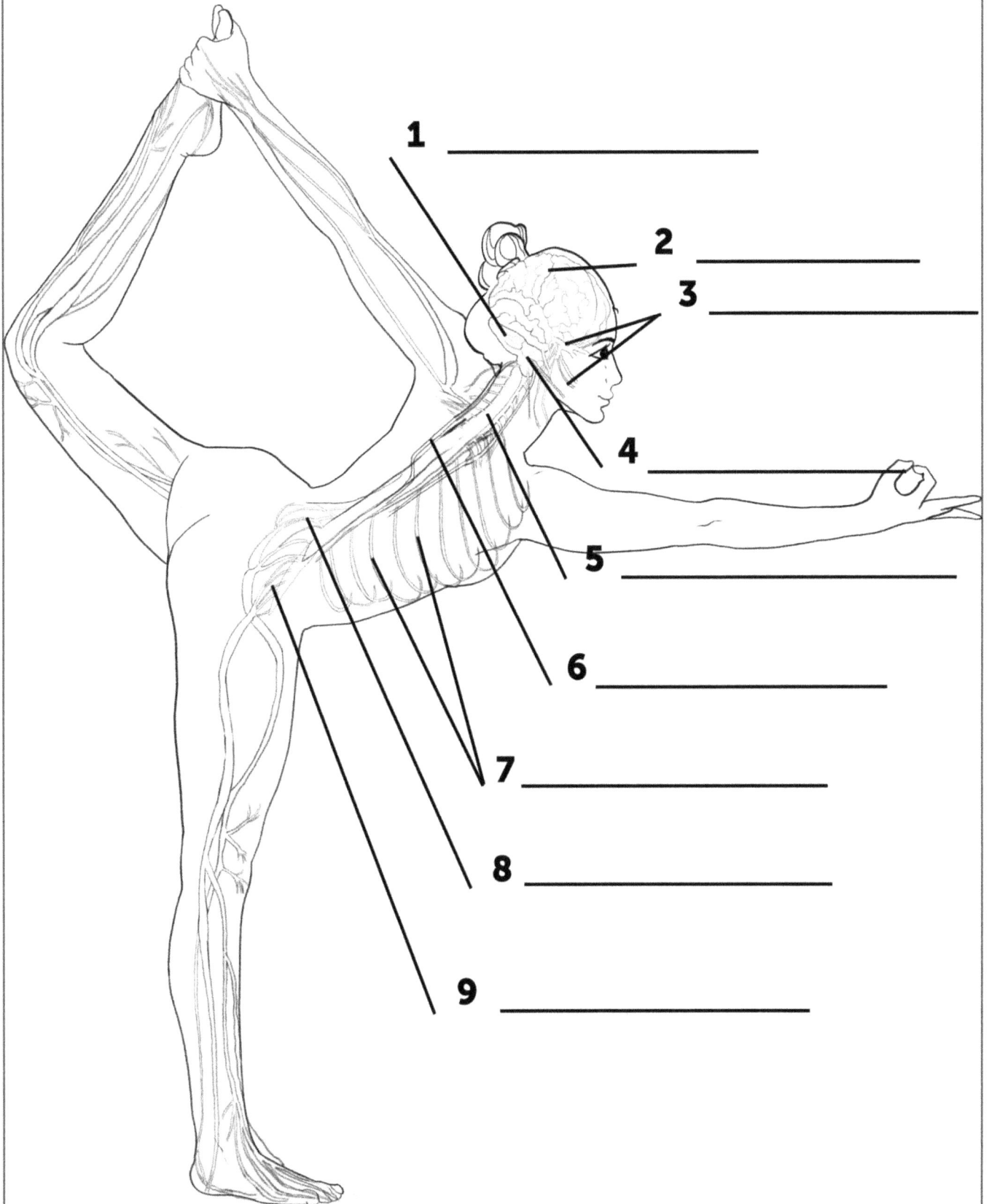

1 _____

2 _____

3 _____

4 _____

5 _____

6 _____

7 _____

8 _____

9 _____

31. DER HERR DER VERLEGUNG DES TANZES

1.   CERVELET

2.   GEHIRN

3.   HIRNNERVEN

4.   HIRNSTAMM

5.   RÜCKENMARK

6.   VAGUS

7.   INTERCOSTALES

8.   LUMBALPLEXUS

9.   DAS HEILIGE KNOTENGEFLECHT

32. MONTAGE DES DREHBAREN STUHLS

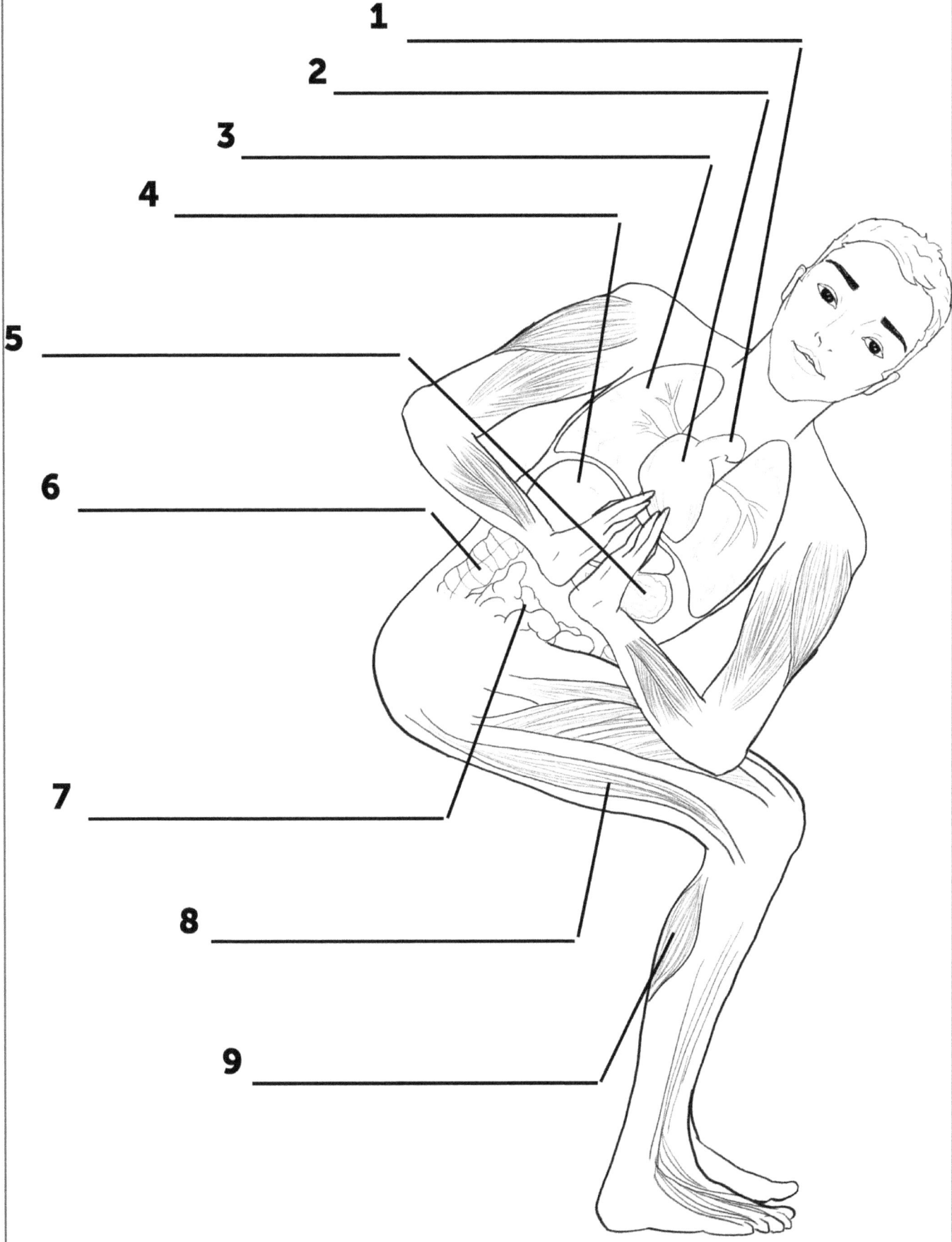

1 _____

2 _____

3 _____

4 _____

5 _____

6 _____

7 _____

8 _____

9 _____

32. MONTAGE DES DREHBAREN STUHLS

1. AORTA
2. HERZ
3. LUNGE
4. LEBER
5. MAGEN
6. AUFSTEIGENDER DICKDARM
7. DÜNNDARM-SPULEN
8. HAMSTRINGS
9. GASTROCNEMIUS

33. VERLEGUNG DES YOGA-KANINCHENS

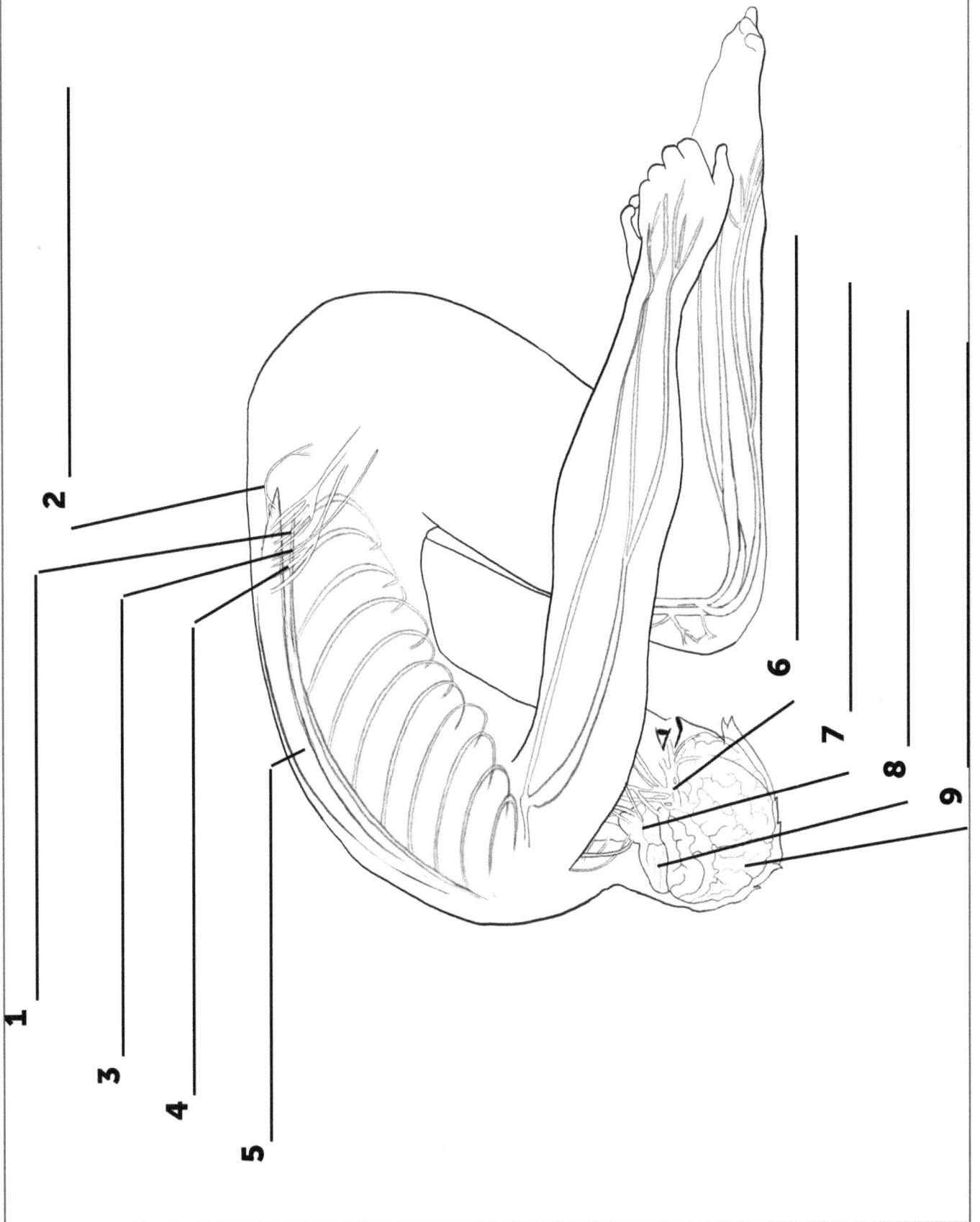

1

2

3

4

5

6

7

8

9

33. VERLEGUNG DES YOGA-KANINCHENS

1.   DAS HEILIGE KNOTENGEFLECHT

2.   DER NERVUS PUDENDUS

3.   JALOUSIE

4.   LUMBALPLEXUS

5.   RÜCKENMARK

6.   HIRNNERVEN

7.   HIRNSTAMM

8.   CERVELET

9.   GEHIRN

34. INSTALLATION DER AUFSTEIGENDEN PLATINE

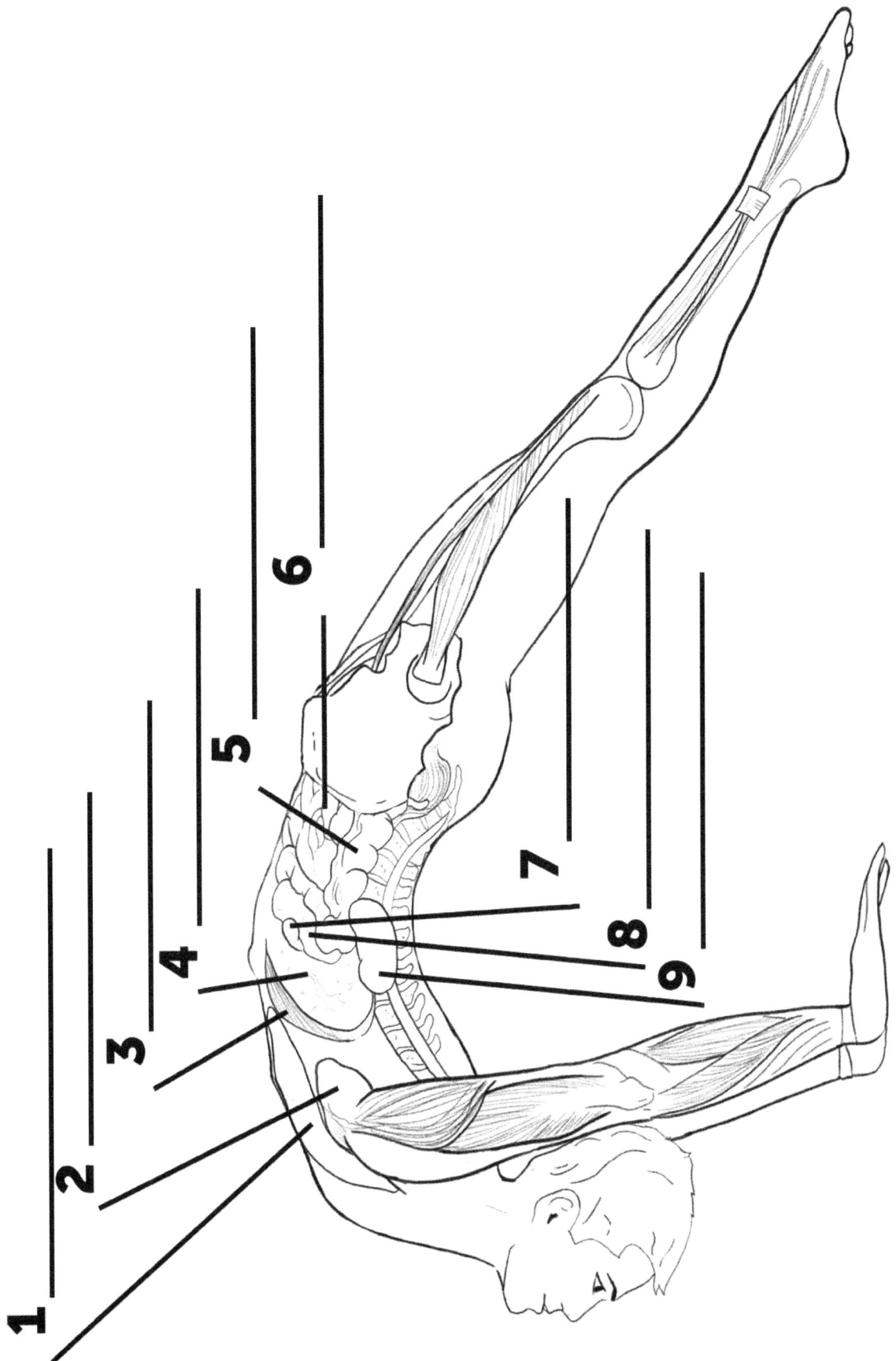

1

2

3

4

5

6

7

8

9

34. INSTALLATION DER AUFSTEIGENDEN PLATINE

1.   LUNGE

2.   HERZ

3.   DIAPHRAGMA

4.   LEBER

5.   AUFSTEIGENDER DICKDARM

6.   DÜNNDARM-SPULEN

7.   GALLENBLASE

8.   MAGEN

9.   NIERE

35. PLATZIERUNG DES LOTOS

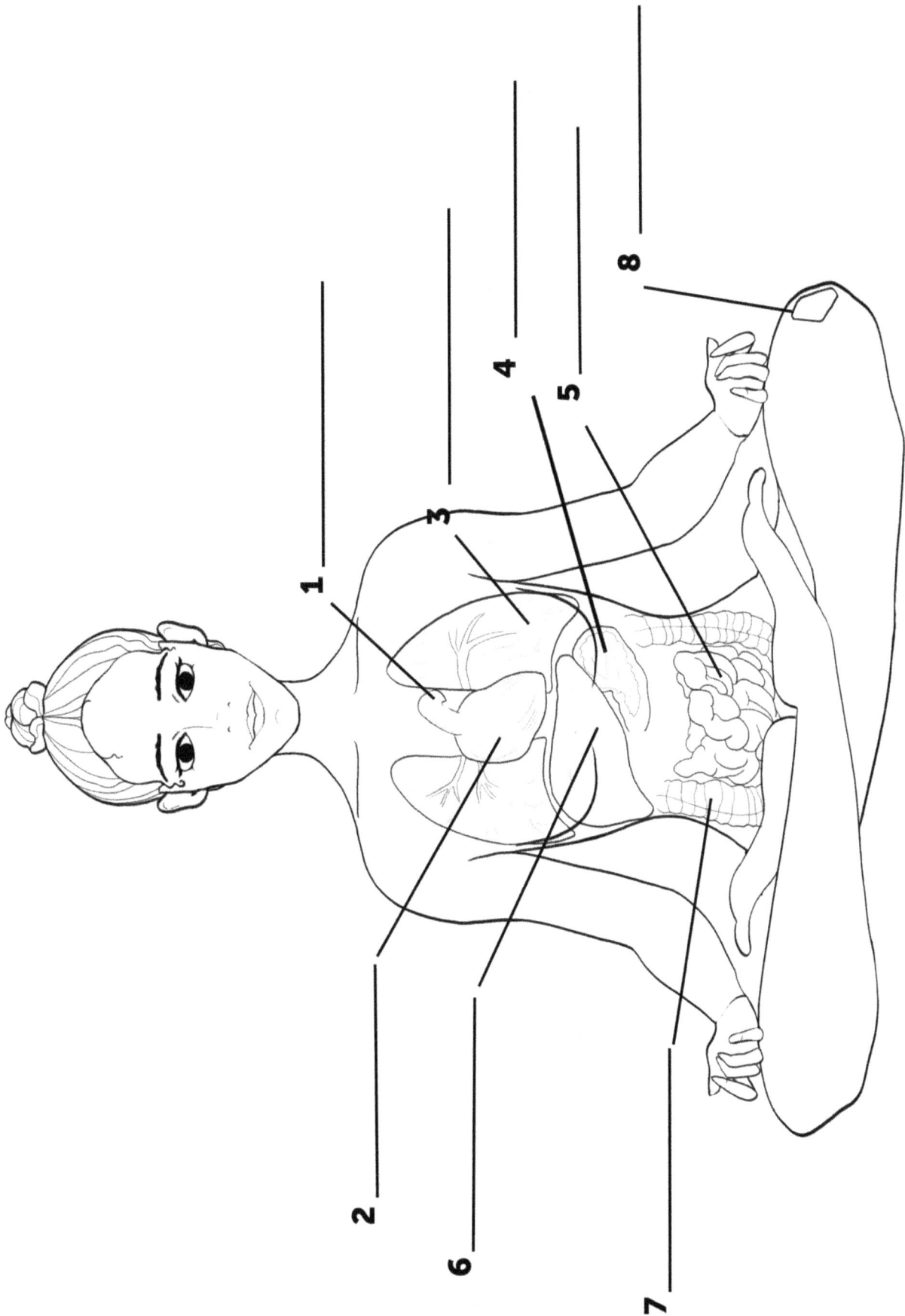

1

2

3

4

5

6

7

8

35. PLATZIERUNG DES LOTOS

1. AORTA

2. HERZ

3. LUNGE

4. MAGEN

5. DÜNNDARM-SPULEN

6. LEBER

7. AUFSTEIGENDER DICKDARM

8. PATELLA

36. VERLEGEN DER LEITER

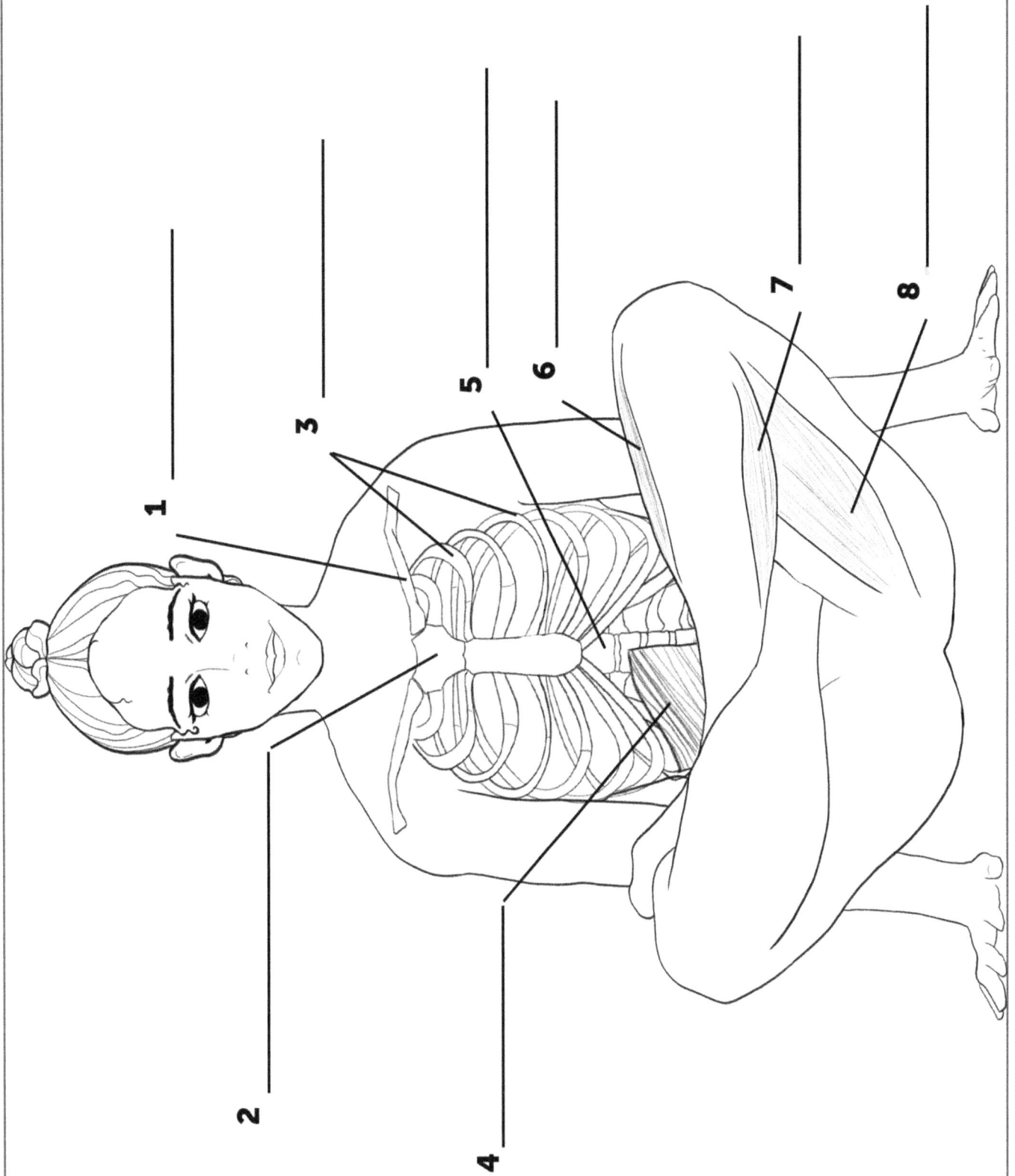

1

2

3

4

5

6

7

8

36. VERLEGEN DER LEITER

1. KRAGENBE

2. STERNUM

3. KÜSTEN

4. INTERNER SCHRÄGSTRICH

5. WIRBELSÄULE

6. GASTROKNISTER

7. GASTROCNEMIUS

8. HAMSTRINGS

37. PLATZIERUNG DER KRÄHE

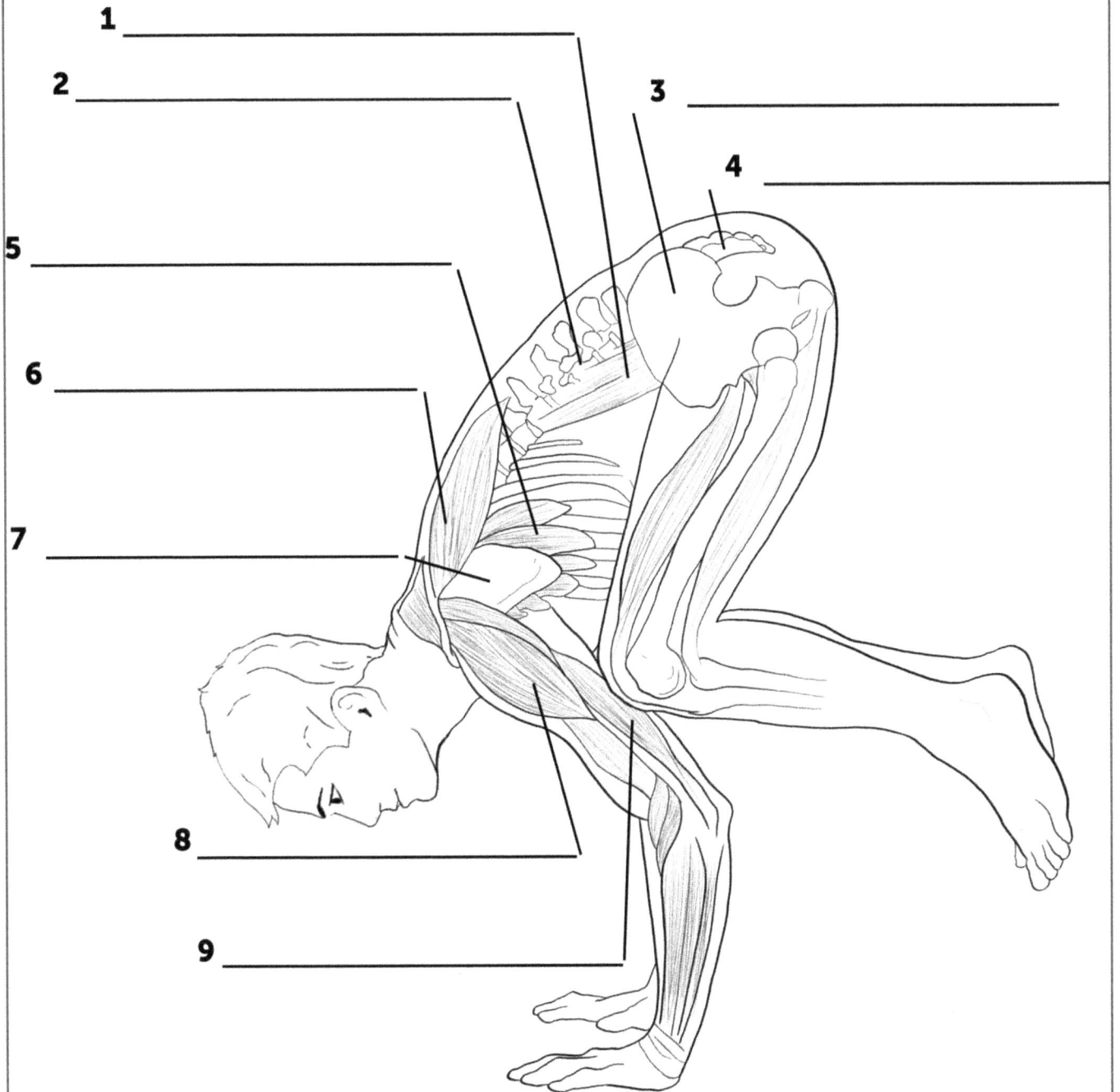

1 _____

2 _____

3 _____

4 _____

5 _____

6 _____

7 _____

8 _____

9 _____

37. PLATZIERUNG DER KRÄHE

1. PSOAS MAJOR
2. WIRBELSÄULE
3. BECKEN
4. KREUZBEIN
5. SERRATUS ANTERIOR
6. TRAPEZ
7. SKAPULA
8. DELTOID
9. TRIZEPS BRACHII

38. POSE VON VIER MITARBEITERN

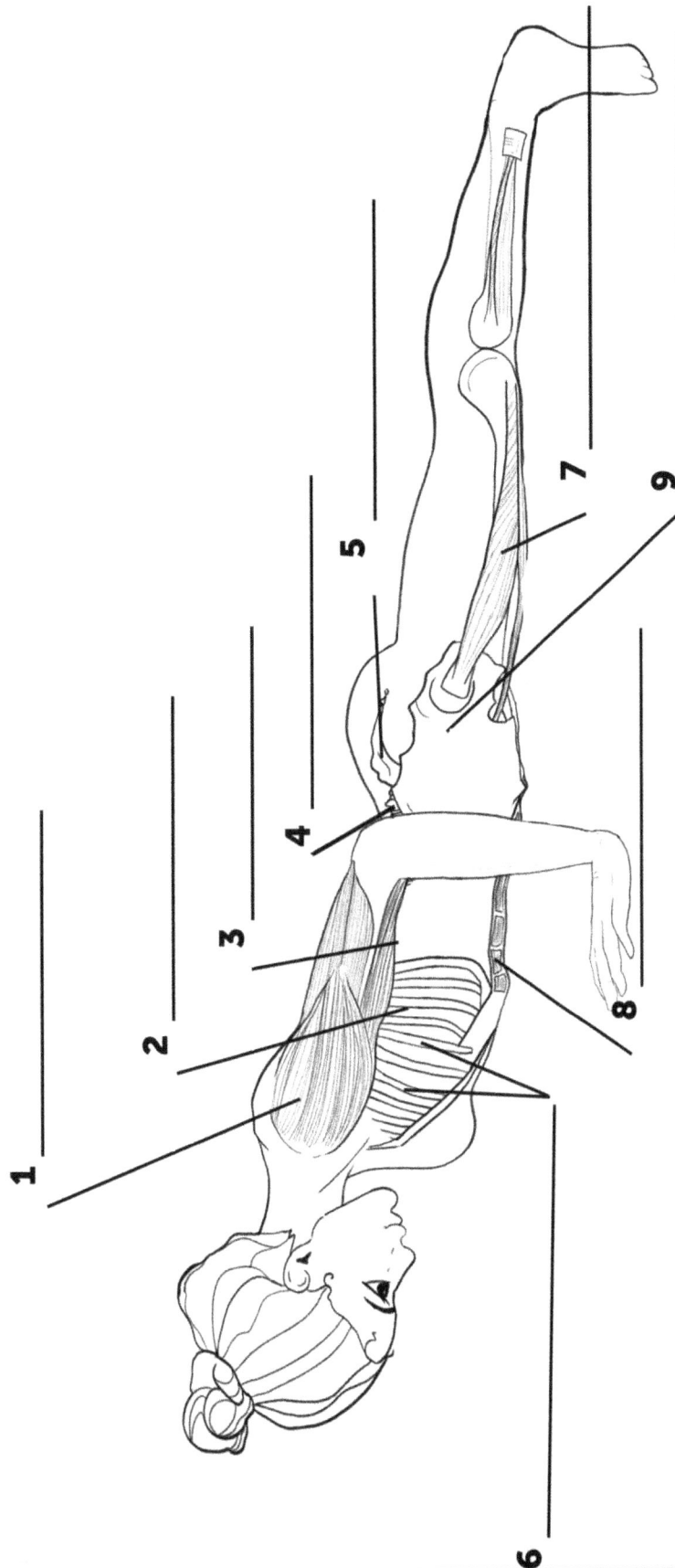

38. POSE VON VIER MITARBEITERN

1. DELTOID
2. KÜSTEN
3. BIZEPS BRACHII
4. WIRBELSÄULE
5. KREUZBEIN
6. KÜSTEN
7. RECTUS FEMORIS
8. RECTUS ABDOMINIS
9. BASSIN

39. DEN RABEN AUF DIE SEITE LEGEN

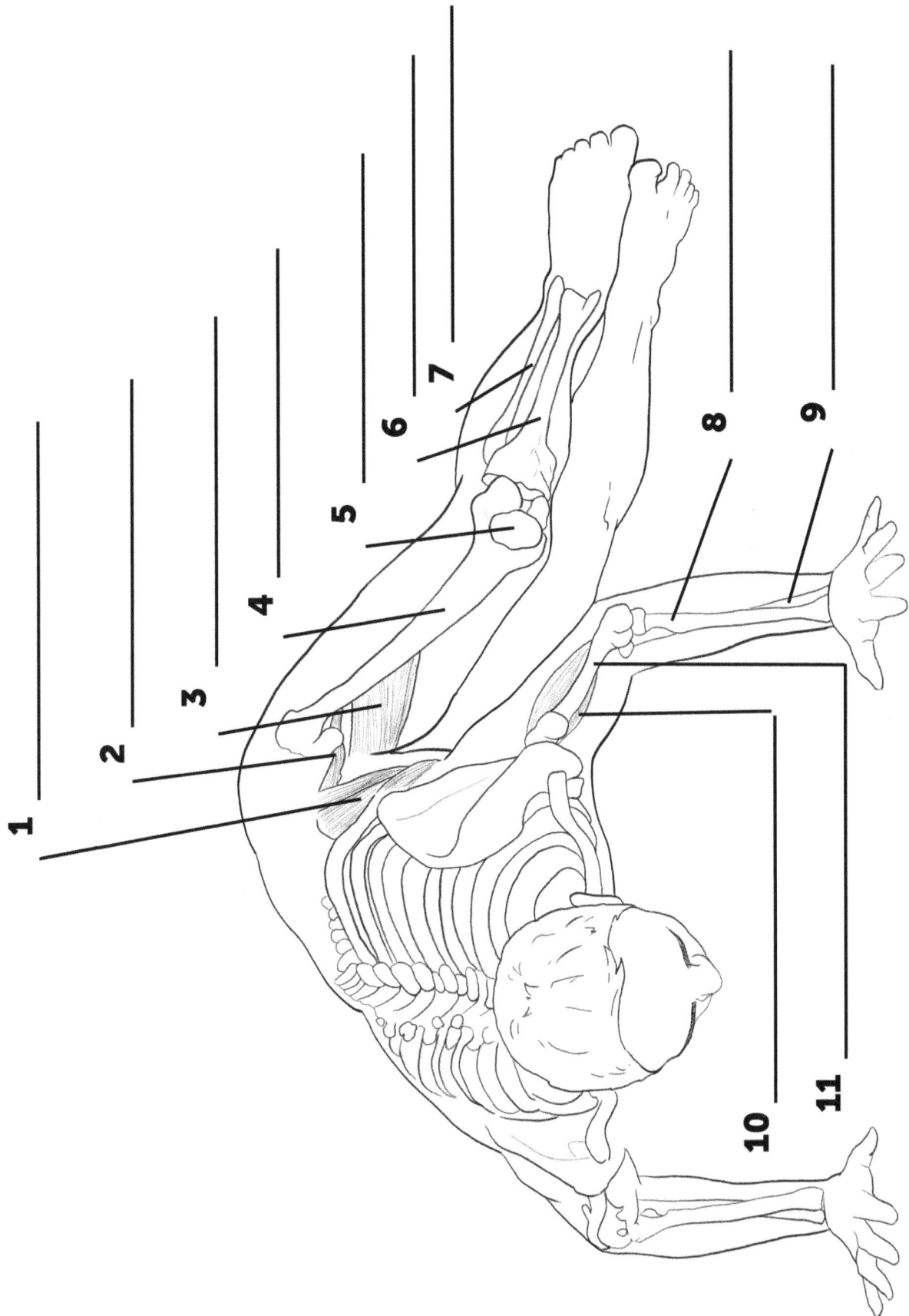

39. DEN RABEN AUF DIE SEITE LEGEN

1.   SCHRÄG NACH AUßEN

2.   PEKTINUS

3.   KURZER ADDUKTOR

4.   OBERSCHENKELKNOCHEN

5.   PATELLA

6.   SCHIENBEIN

7.   WADENBEIN

8.   RADIUS

9.   ULNA

10.   TRIZEPS BRACHII

11.   OBERARMKNOCHEN

40. EINBAU DES HALBBOOTES

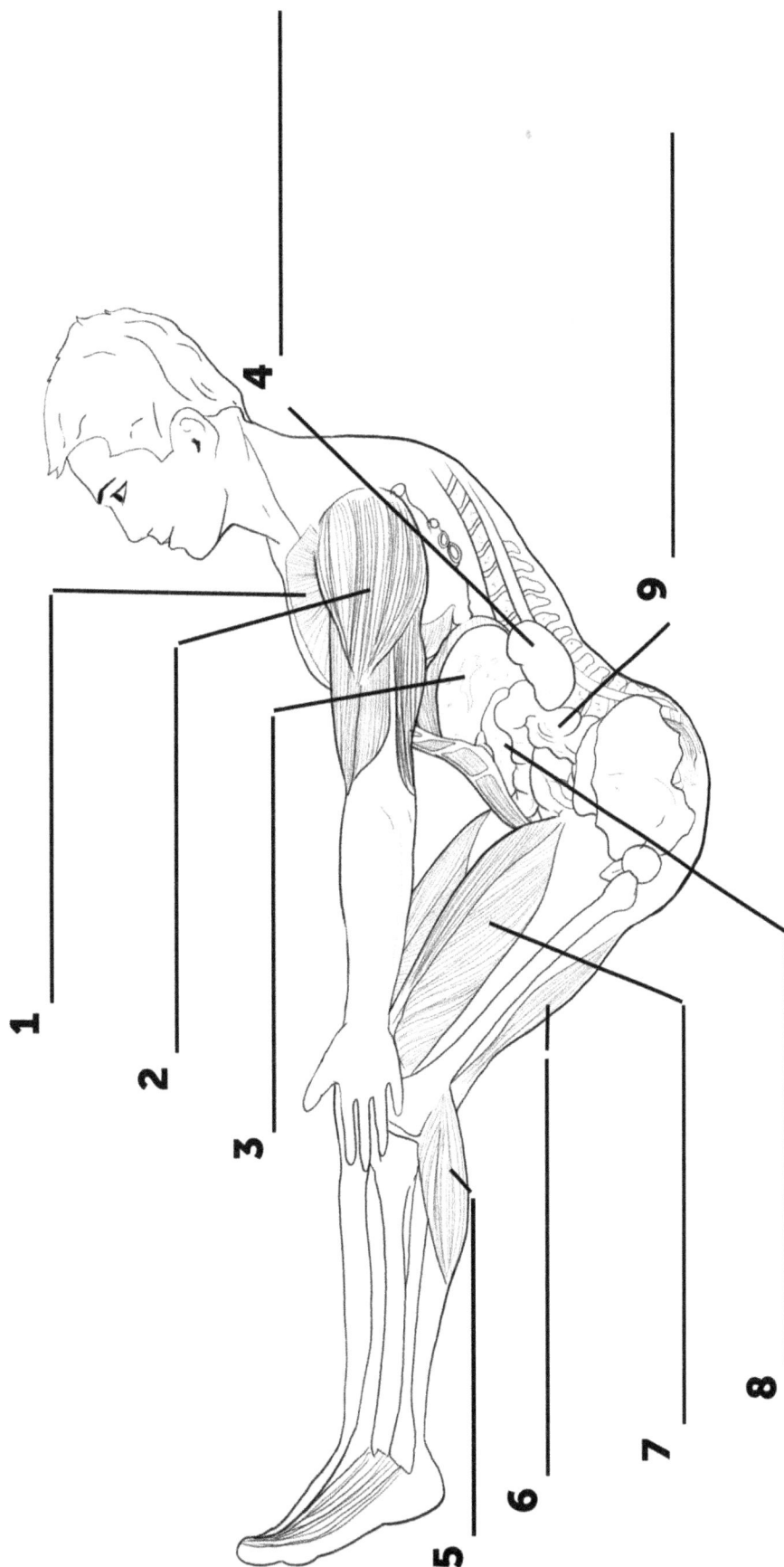

1

2

3

4

5

6

7

8

9

40. EINBAU DES HALBBOOTES

1.   PECTORALIS MAJOR

2.   DELTOID

3.   LEBER

4.   NIERE

5.   GASTROCNEMIUS

6.   HAMSTRINGS

7.   QUADRIZEPS

8.   MAGEN

9.   AUFSTEIGENDER DICKDARM

41. EINBAU DES KOMPLETTEN BOOTES

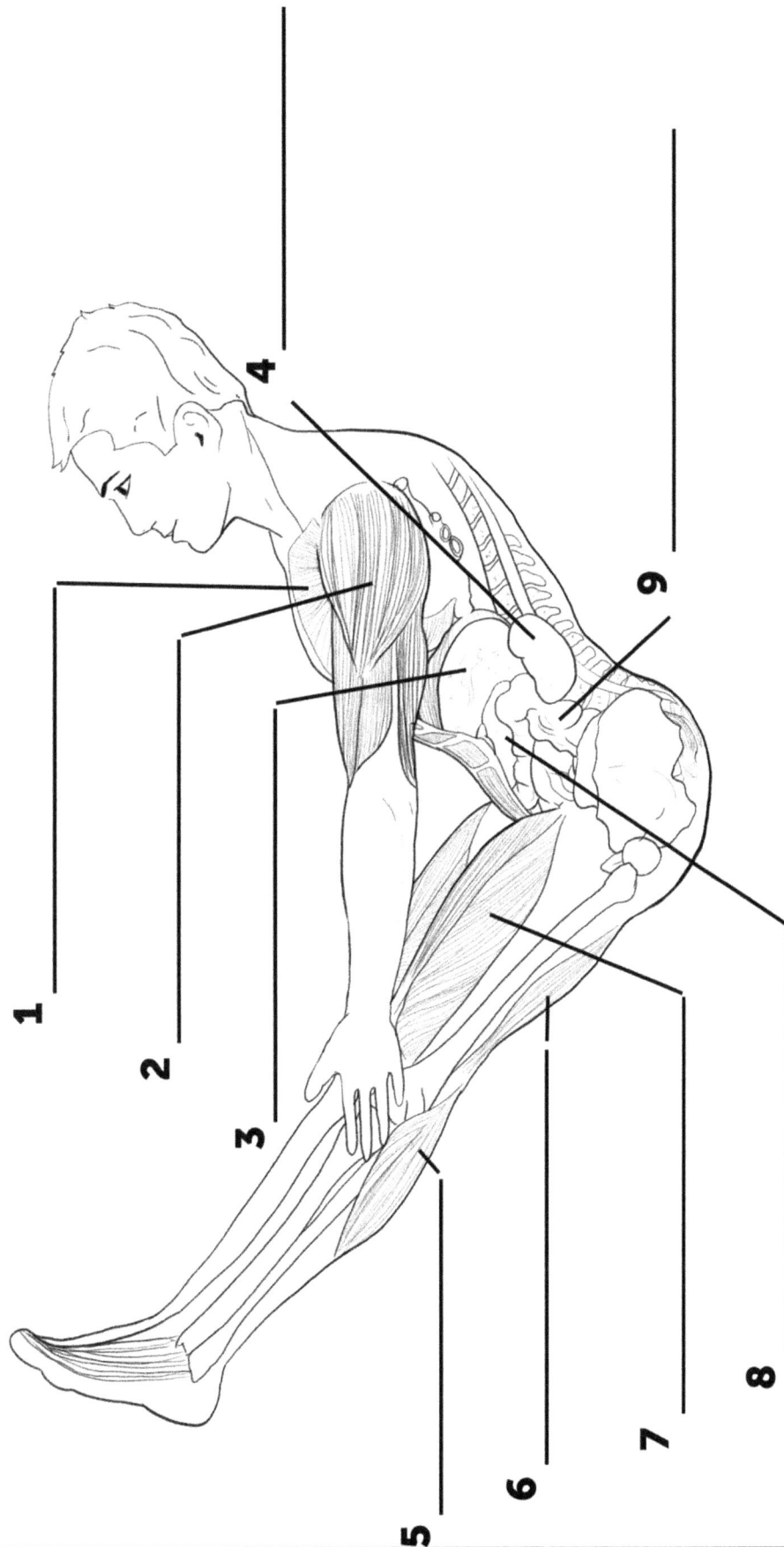

1

2

3

4

5

6

7

8

9

41. EINBAU DES KOMPLETTEN BOOTES

1. PECTORALIS MAJOR

2. DELTOID

3. LEBER

4. NIERE

5. GASTROCNEMIUS

6. HAMSTRINGS

7. QUADRIZEPS

8. MAGEN

9. AUFSTEIGENDER DICKDARM

42. PLATZIEREN DES FISCHES

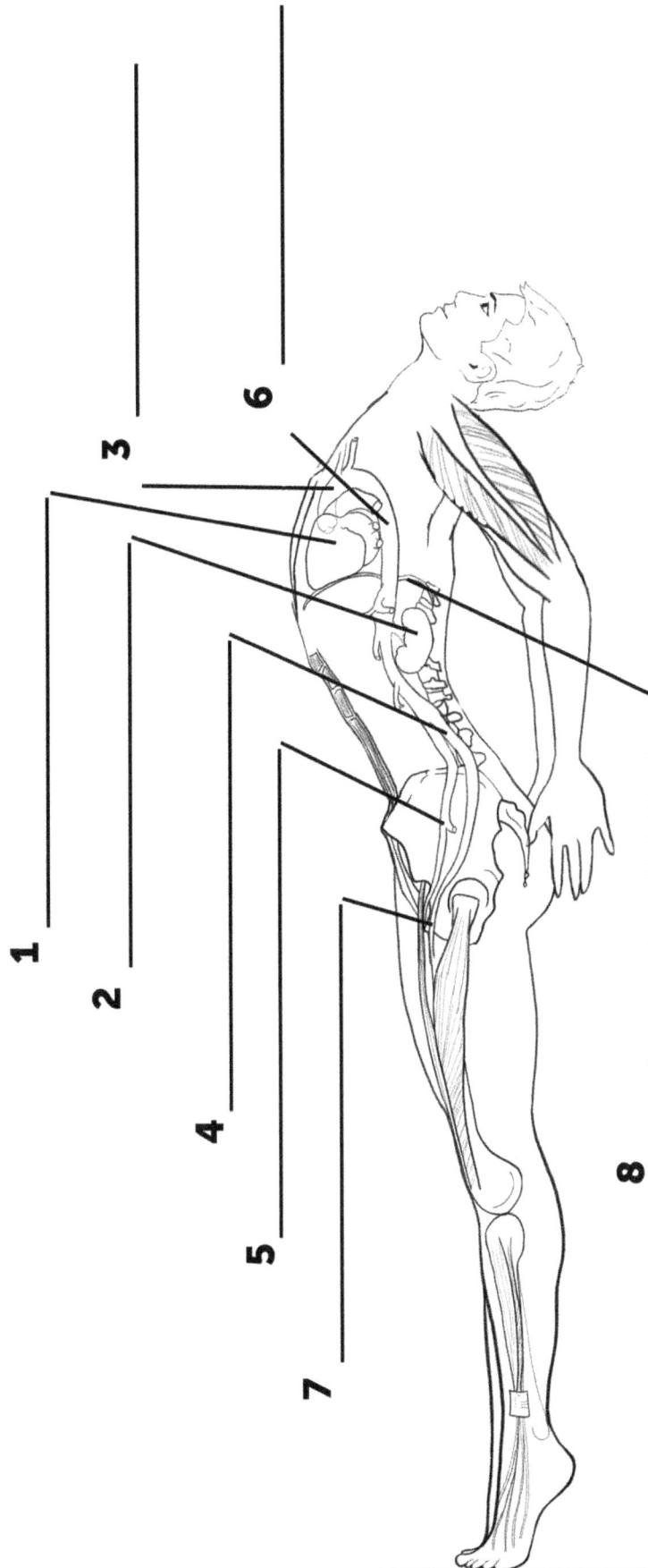

3

6

1

2

4

5

7

8

42. PLATZIEREN DES FISCHES

1.   HERZ

2.   NIERE

3.   AUFSTEIGENDE THORAKALE AORTA

4.   ABDOMINAL-AORTA

5.   ARTERIA ILIACA COMMUNIS

6.   DESZENDIERENDE THORAKALE AORTA

7.   OBERSCHENKELARTERIE

8.   DIAPHRAGMA

43. POSITION DES GESTÜTZTEN BIRNBAUMS

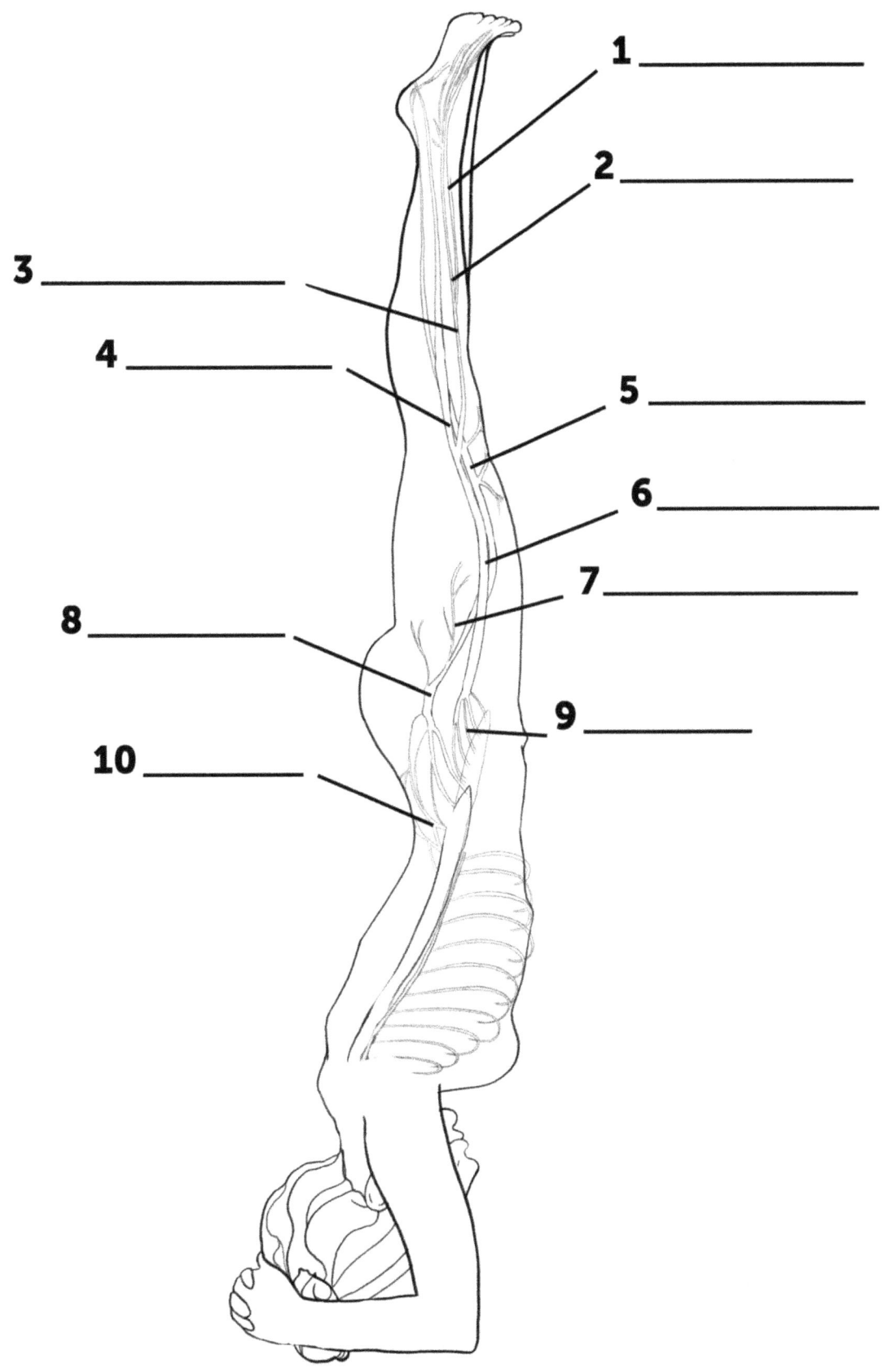

1 _____

2 _____

3 _____

4 _____

5 _____

6 _____

7 _____

8 _____

9 _____

10 _____

43. POSITION DES GESTÜTZTEN BIRNBAUMS

1. OBERFLÄCHLICHES PERONEUM

2. TIEF PERONEAL

3. GEMEINSAM PERONEUS

4. TIBIA

5. VENA SAPHENA MAGNA

6. ISCHIAS

7. MUSKULÄRE ÄSTE DES OBERSCHENKELS

8. OBERSCHENKEL

9. DAS HEILIGE KNOTENGEFLECHT

10. LUMBALPLEXUS

44. GESTÜTZTE SCHULTERSTÜTZE

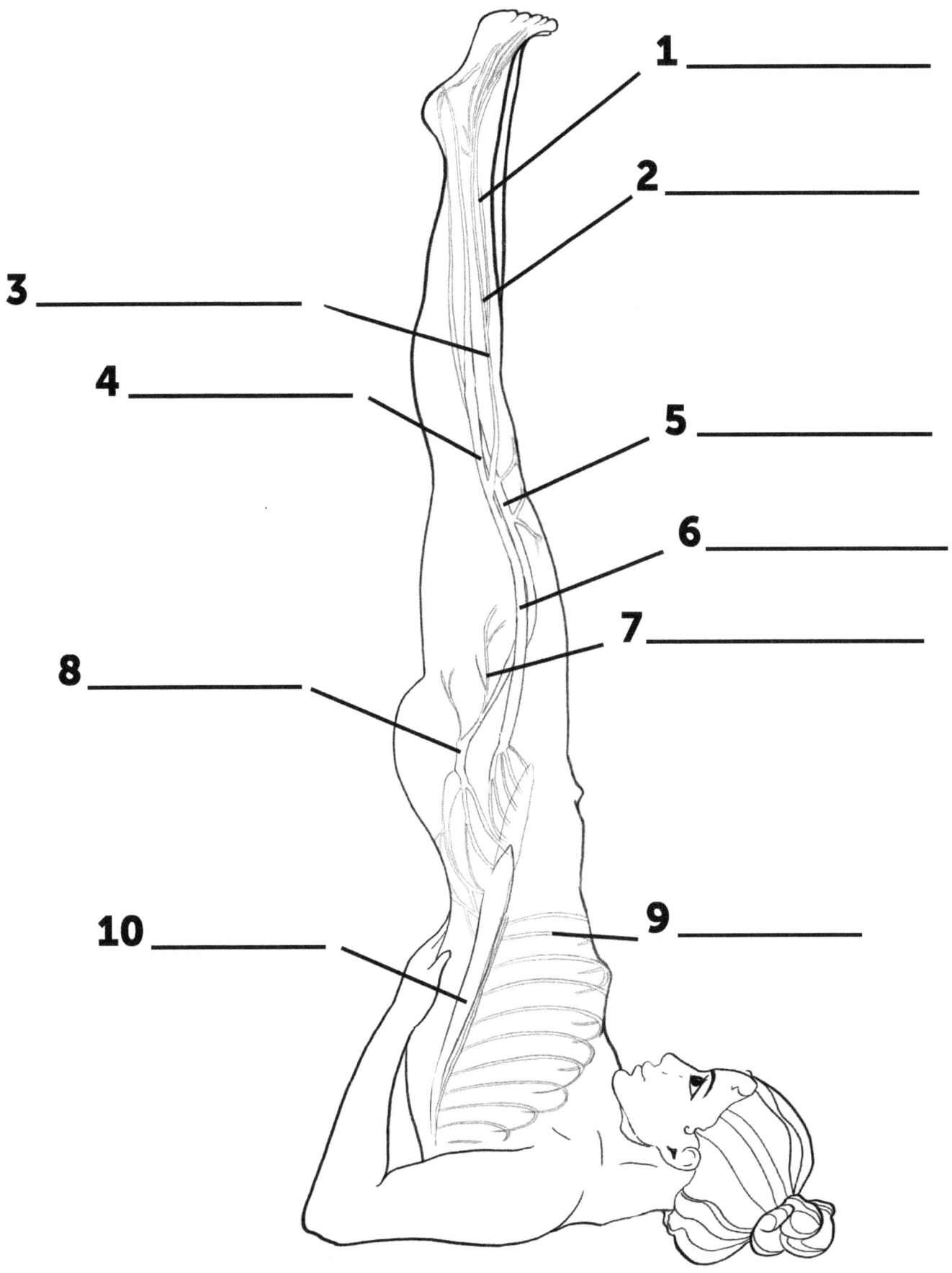

1 _____

2 _____

3 _____

4 _____

5 _____

6 _____

7 _____

8 _____

9 _____

10 _____

44. GESTÜTZTE SCHULTERSTÜTZE

1. OBERFLÄCHLICHES PERONEUM
2. TIEF PERONEAL
3. GEMEINSAM PERONEUS
4. TIBIA
5. VENA SAPHENA MAGNA
6. ISCHIAS
7. MUSKULÄRE ÄSTE DES OBERSCHENKELS
8. OBERSCHENKEL
9. INTERCOSTALES
10. RÜCKENMARK

45. VERLEGEN DES PFLUGES

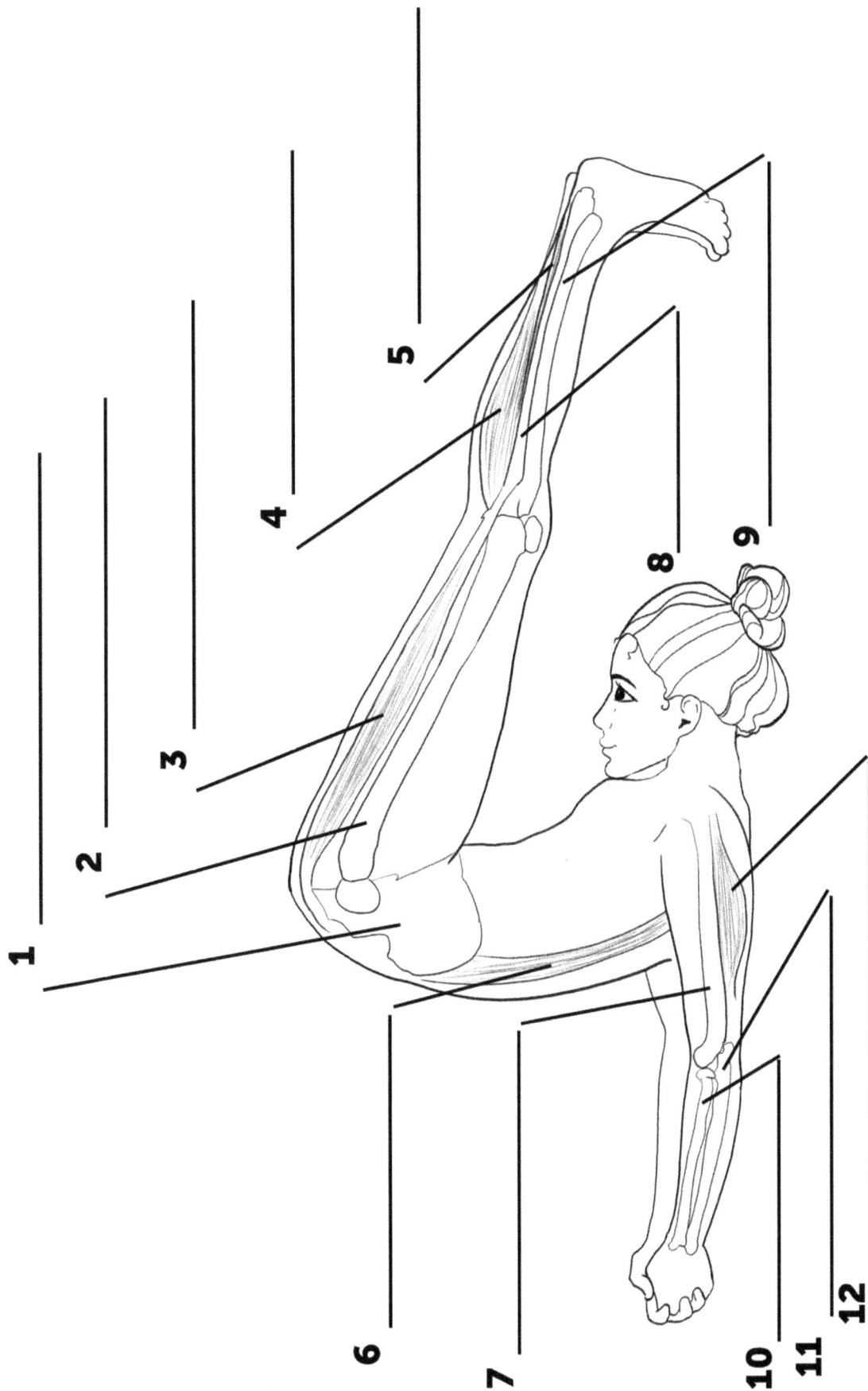

45. VERLEGEN DES PFLUGES

1. BASSIN
2. OBERSCHENKELKNOCHEN
3. HAMSTRINGS
4. GASTROCNEMIUS
5. SOLEUS
6. EREKTOR SPINAE
7. OBERARMKNOCHEN
8. WADENBEIN
9. SCHIENBEIN
10. RADIUS
11. ULNAS
12. TRIZEPS BRACHII

46. KNIE ZUM OHR

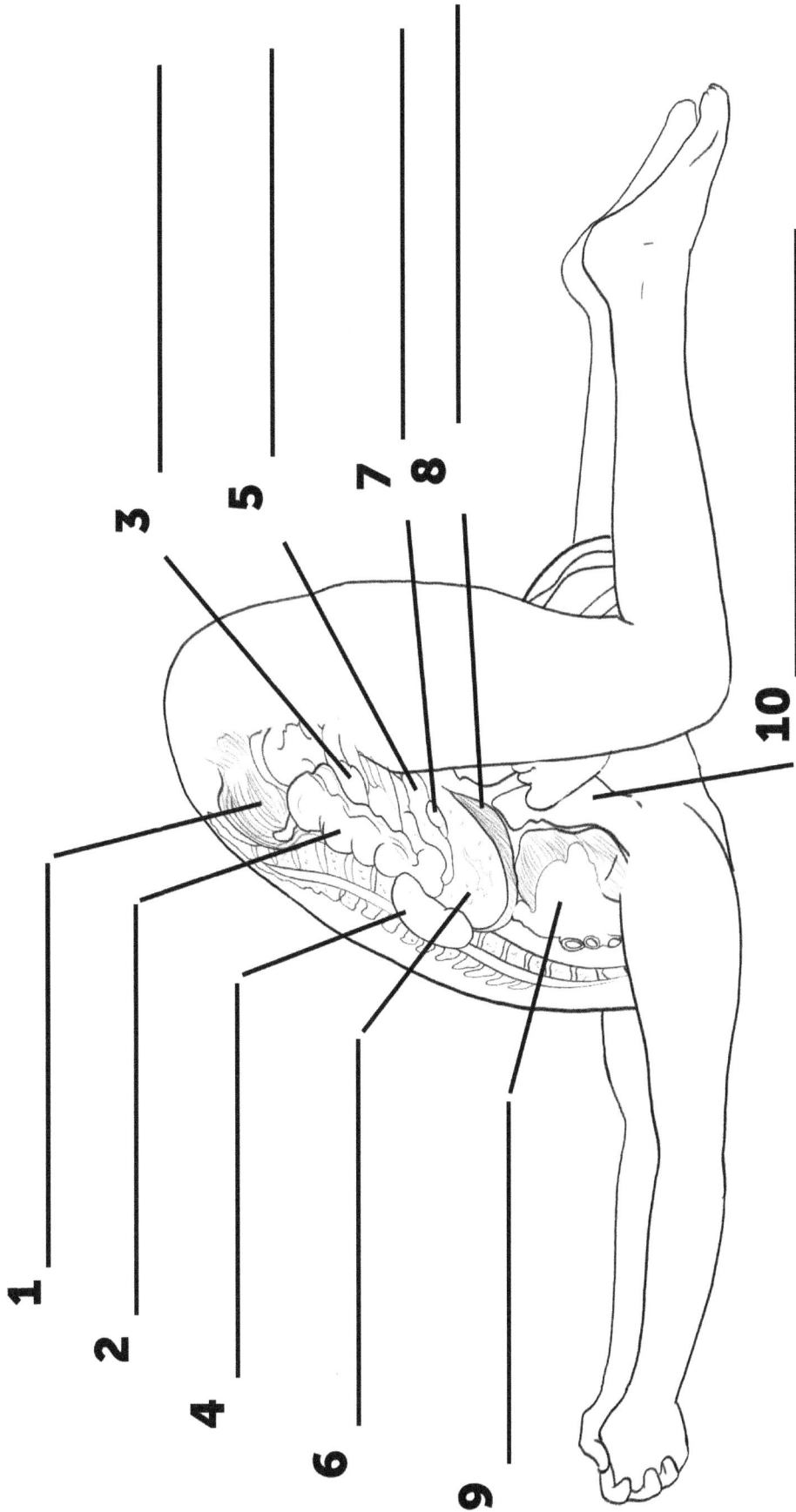

1

2

3

4

5

6

7

8

9

10

46. KNIE ZUM OHR

1. REKTUM
2. AUFSTEIGENDER DICKDARM
3. DÜNNDARM-SPULEN
4. NIERE
5. MAGEN
6. LEBER
7. GALLENBLASE
8. DIAPHRAGMA
9. HERZ
10. LUNGE

47. HALBMOND-INSTALLATION

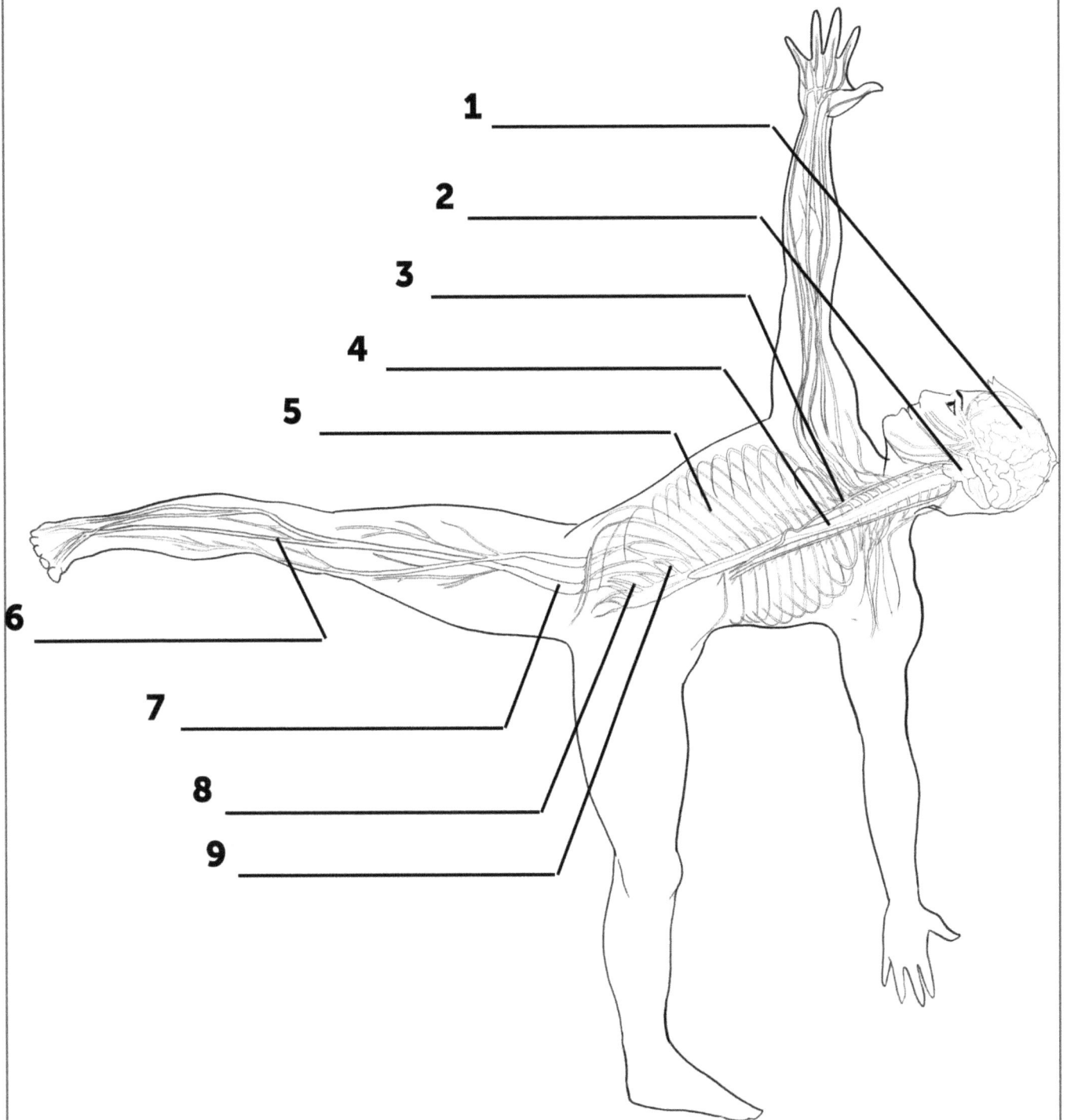

1 _____

2 _____

3 _____

4 _____

5 _____

6 _____

7 _____

8 _____

9 _____

47. HALBMOND-INSTALLATION

1. GEHIRN

2. HIRNSTAMM

3. PLEXUS BRACHIALIS

4. RÜCKENMARK

5. INTERCOSTALES

6. TIBIA

7. ISCHIAS

8. DAS HEILIGE KNOTENGEFLECHT

9. LUMBALPLEXUS

48. ABLEGEN DES KOMPASSES

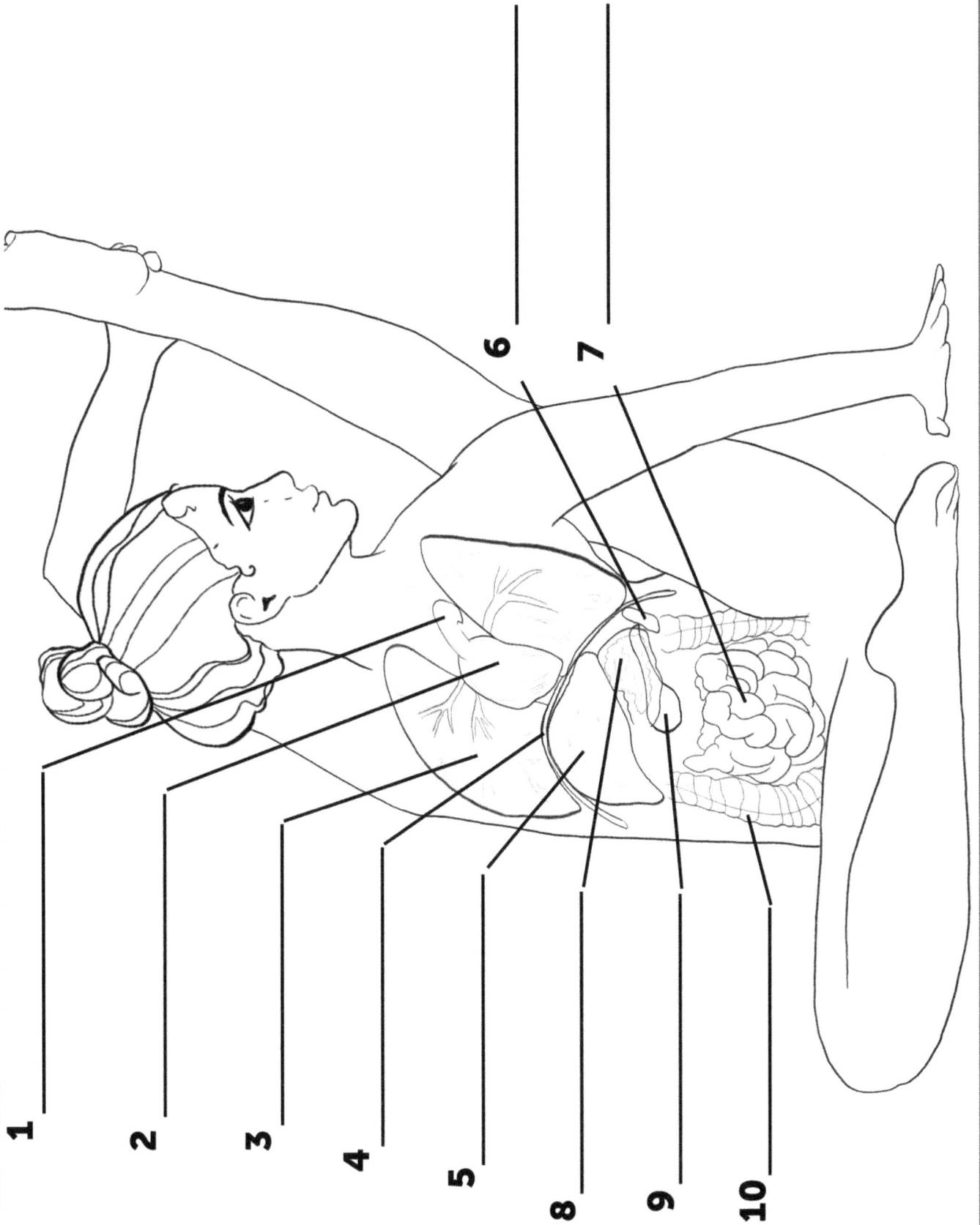

1

2

3

4

5

6

7

8

9

10

48. ABLEGEN DES KOMPASSES

1. AORTA
2. HERZ
3. LUNGE
4. DIAPHRAGMA
5. LEBER
6. BEWERTEN SIE
7. DÜNNDARM-SPULEN
8. MAGEN
9. BAUCHSPEICHELDRÜSE
10. AUFSTEIGENDER DICKDARM

49. VERDREHTE POSE VOM KOPF BIS ZU DEN KNIEN

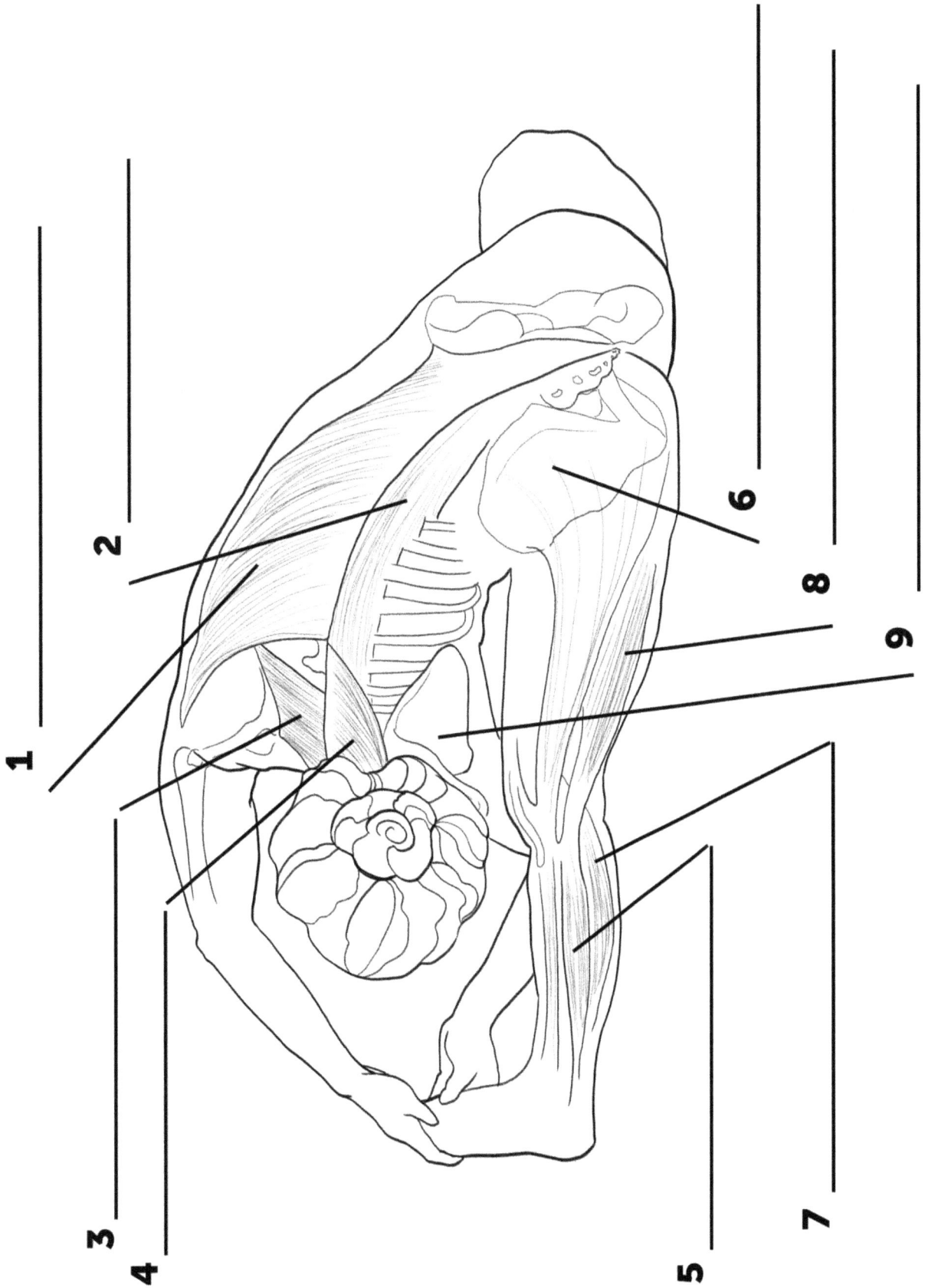

49. VERDREHTE POSE VOM KOPF BIS ZU DEN KNIEN

1. LATISSIMUS DORSI

2. EREKTOR SPINAE

3. RHOMBOIDE

4. TRAPEZ

5. SOLEUS

6. BASSIN

7. GASTROKNISTER

8. HAMSTRINGS

9. SKAPULA

50. FRACTIONAL STEHENDE POSE

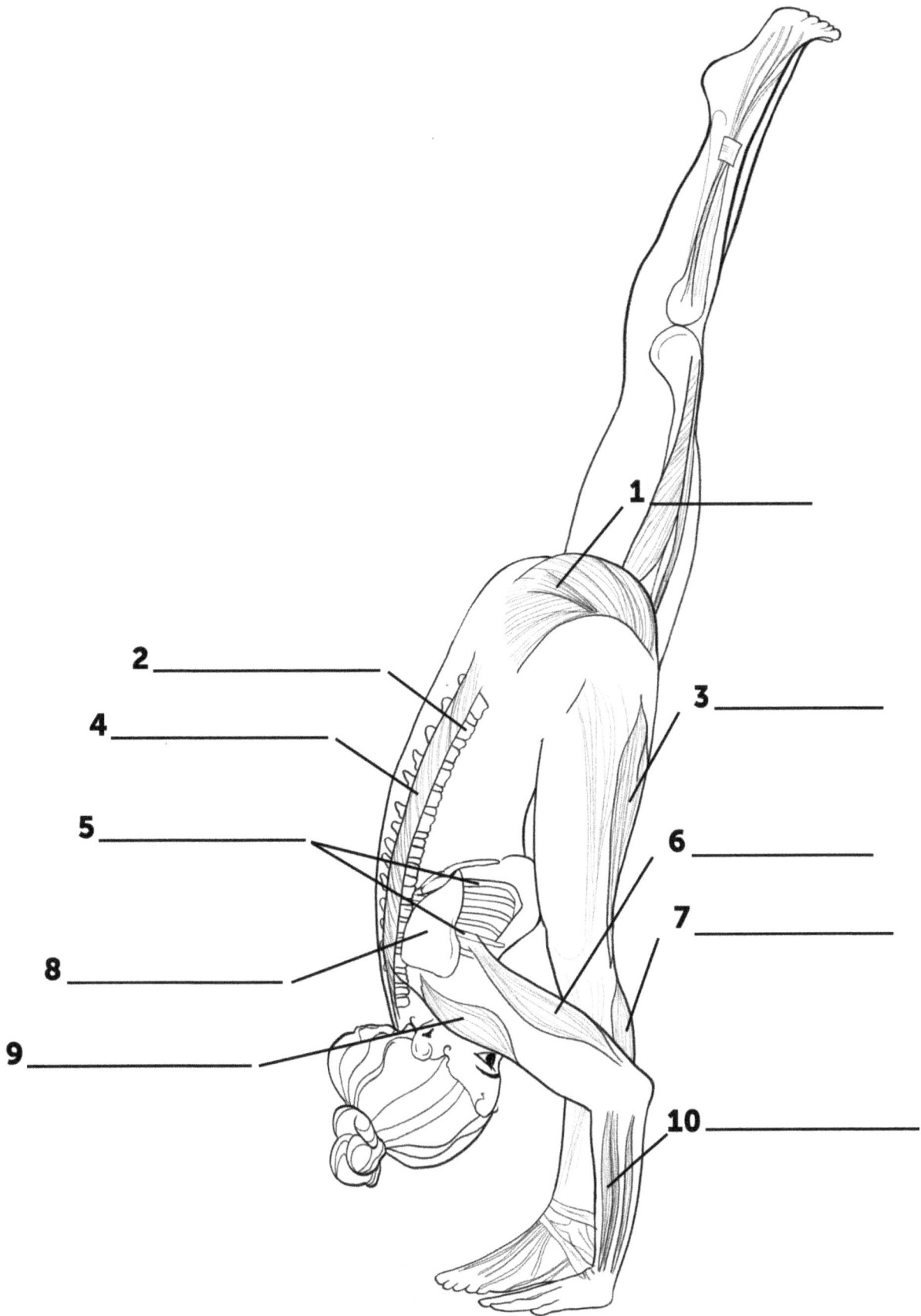

1 _____

2 _____

4 _____

3 _____

5 _____

6 _____

7 _____

8 _____

9 _____

10 _____

50. FRACTIONAL STEHENDE POSE

1.   PIRIFORMIS

2.   WIRBELSÄULE

3.   HAMSTRINGS

4.   EREKTOR SPINAE

5.   KÜSTEN

6.   TRIZEPS BRACHII

7.   GASTROKNISTER

8.   SCHULTERBLATT

9.   DELTOID

10. PRONATOREN

51. POSE DES BOGENSCHÜTZEN

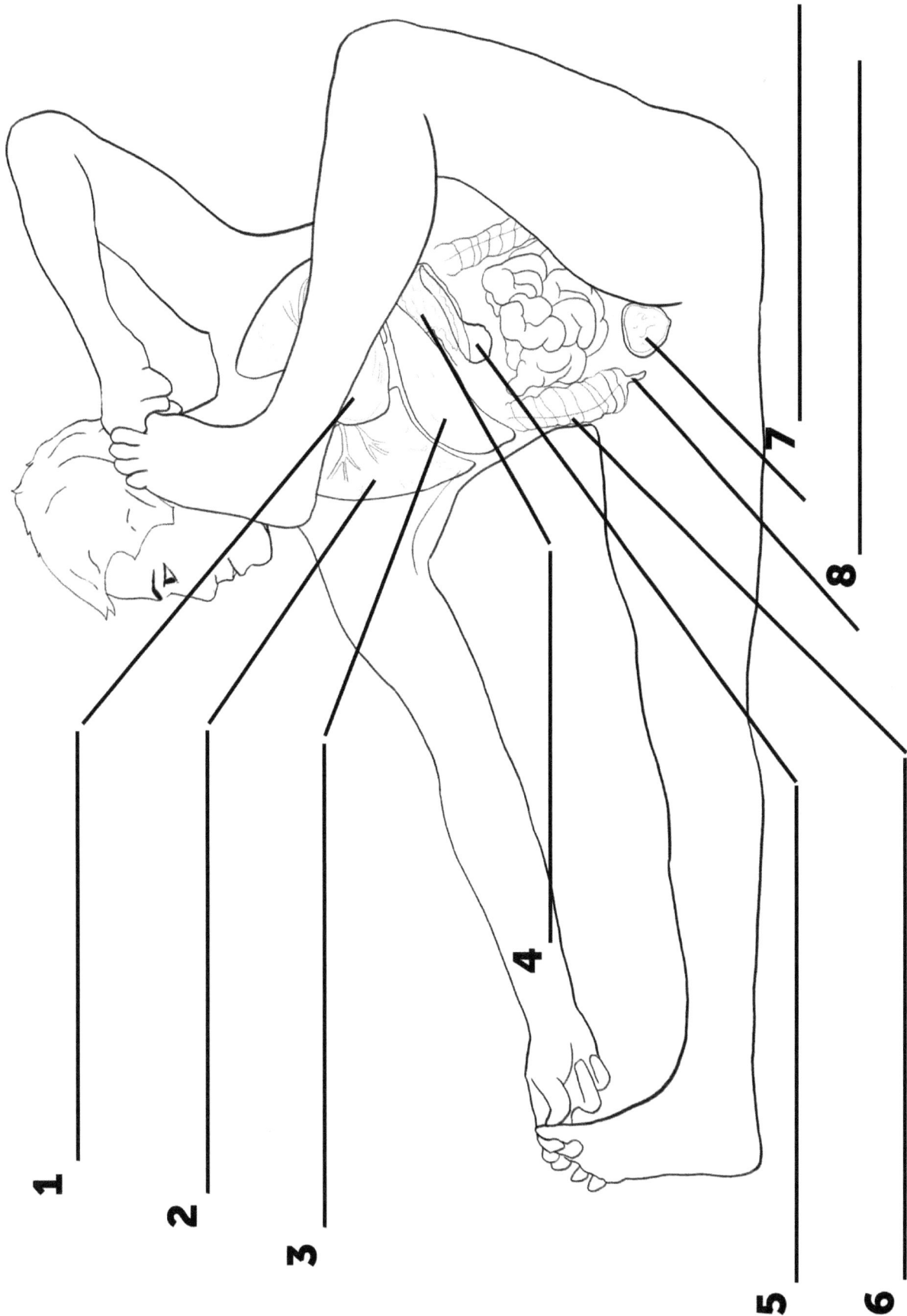

1

2

3

4

5

6

7

8

51. POSE DES BOGENSCHÜTZEN

1.   HERZ

2.   LUNGE

3.   LEBER

4.   MAGEN

5.   BAUCHSPEICHELDRÜSE

6.   AUFSTEIGENDER DICKDARM

7.   BLASE

8.   ANHANG

52. YOGA AUF DIE HÄNDE LEGEN

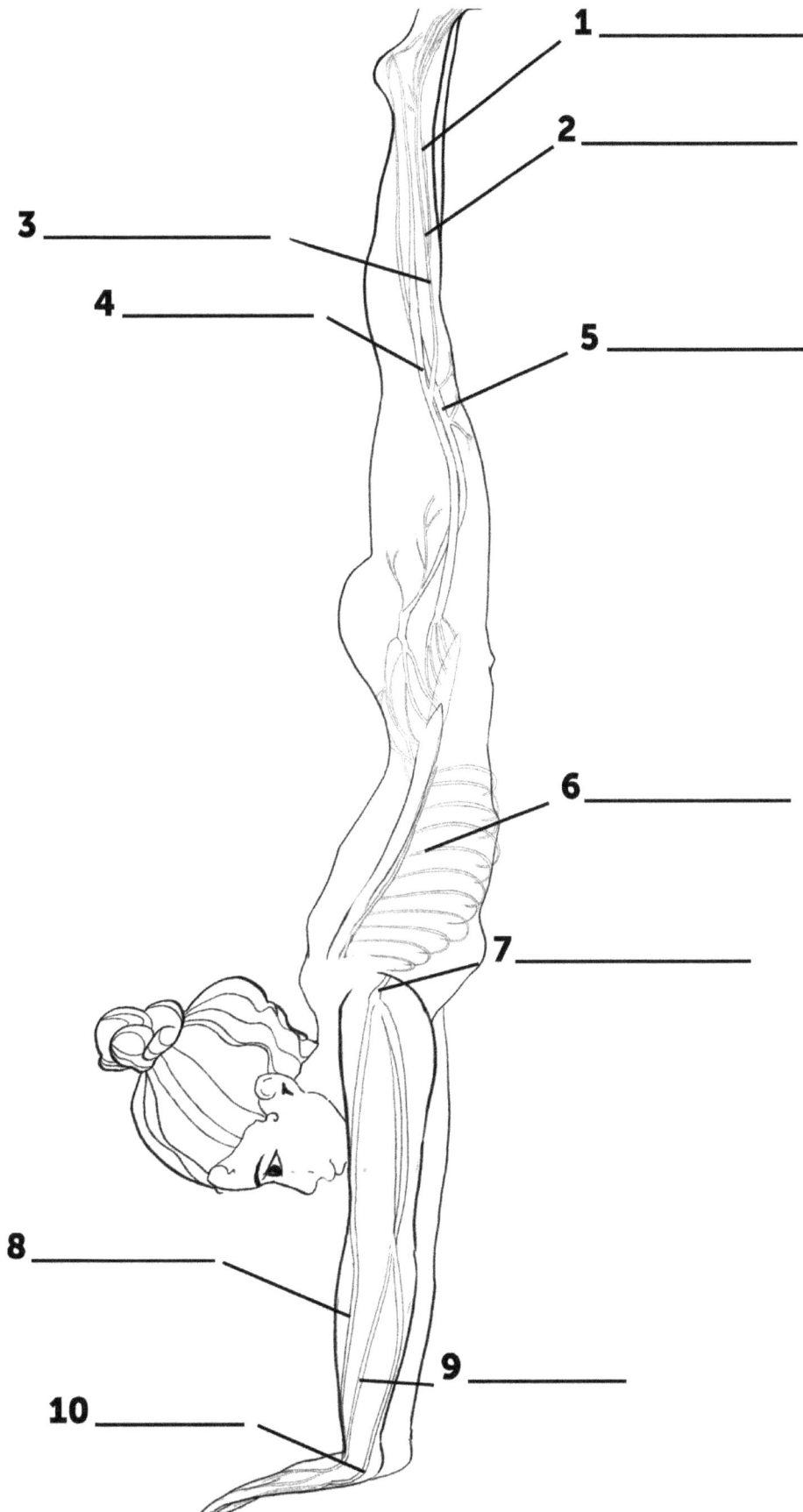

1 _____

2 _____

3 _____

4 _____

5 _____

6 _____

7 _____

8 _____

9 _____

10 _____

52. YOGA AUF DIE HÄNDE LEGEN

1. OBERFLÄCHLICHES PERONEUM
2. TIEF PERONEAL
3. GEMEINSAM PERONEUS
4. TIBIA
5. VENA SAPHENA MAGNA
6. INTERCOSTALES
7. PLEXUS BRACHIALIS
8. RADIAL
9. MEDIAN
10. ULNAR

53. INSTALLATION DES ELEFANTENRÜSSELS

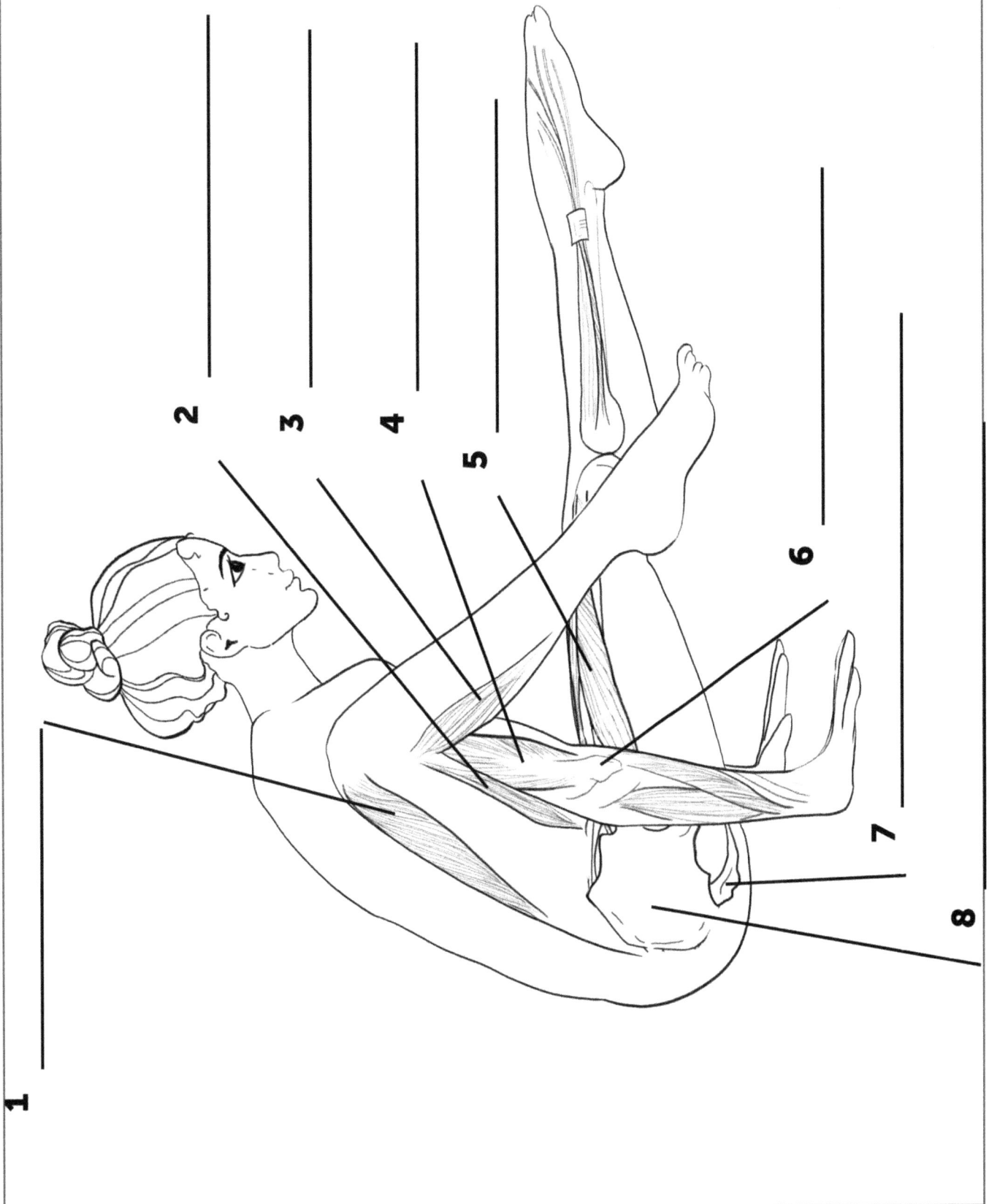

1

2

3

4

5

6

7

8

53. INSTALLATION DES ELEFANTENRÜSSELS

1. RECTUS FEMORIS

2. HAMSTRINGS

3. GASTROKNISTER

4. TRIZEPS BRACHII

5. QUADRIZEPS

6. ELLENBOGEN

7. KREUZBEIN

8. BASSIN

www.ingramcontent.com/pod-product-compliance
Lightning Source LLC
Chambersburg PA
CBHW051349200326
41521CB00014B/2524